KB063030

피지컬 컴퓨팅&코딩 교육을 위한

아두이노보다 더 쉬운 아두이노

아두이노 보드와 아두이노 쉴드, mBlock 그리고 36가지 센서 모듈을 사용하여…
블록코딩과 텍스트 코딩 모두 가능

김석전 · 김세호 · 정재훈 · 김황 공저

光 文 閣
www.kwangmoonkag.co.kr

감사의 글

아내인 심진영의 도움과 지원이 없었다면 이 책은 완성되지 못했을 것이다. 학교생활과 육아 틈틈이 시간을 갖고 원고를 작성할 수 있도록 배려해 주고, 일반인 독자의 입장에서 조언을 아끼지 않았다. 사랑하는 아내에게 감사드린다.

아두이노를 사용하기 쉽게 개량하고, 스크래치를 더 사용하기 쉽게 블록을 추가하여 다양한 프로젝트를 손쉽게 만들 수 있게 만들었지만, 많은 선생님과 제자들이 이를 이용해 풍부한 작품을 만들어 냈기 때문에 내가 더 많은 용기와 영감을 얻을 수 있었다. 특히 광성중학교 김세호 선생님의 무한한 응원에 힘입은 바가 크다. 또한, 대학원 김태영 교수님의 자유로운 학문연구 학풍으로부터 시작된 아이디어가 실제 구현되어 고마움을 느낀다. 끝으로 전혀 새로운 분야의 책인 '아두이노보다 쉬운 아두이노' 출판을 결심한 광문각출판사 박정태 회장님과 임직원 여러분께 감사드린다.

머리말

　산업 시대는 수학, 과학을 바탕으로 공학 분야가 시대를 이끌었다. 공학의 눈부신 발전으로 우리의 생활은 점점 편리해 지고 있다. 인간의 자동화 욕구를 반영해 모든 산업 분야가 컴퓨터와 융합 추세에 있으며, 전자공학, 컴퓨터공학의 발전으로　빠른 대용량의 컴퓨터가 만들어 졌으며 가격이 매우 저렴해 졌다. 또한, 사용자가 스스로 제어할 수 있는 마이크로컨트롤러가 대중화되어 다방면에 사용되고 있으며 이를 이용한 메이커 취미를 가진 사람들이 늘어나고 있다. 기술을 소비하는 입장에서 기술을 이용하는 사람들이 탄생하고 있는 것이다.

　과거엔 기술에 접근하려면 벙어리 3년, 귀머거리 3년, 장님 3년의 과정을 거쳐야 했다. 그만큼 기술을 익히기 어렵고 전수해 줄 사람도 가려 뽑았다. 특정 기술 분야별로 길드를 만들어 회원 수를 조절했고, 진입 장벽을 높게 쌓고 자신들의 이익을 최대한 끌어 올렸다. 그러나 현대는 전자, 컴퓨터 공학에 기반한 기술들을 오픈 소스로 공유한다. 진입 장벽이 낮아져 아무나 관심만 있다면 기회를 얻을 수 있다.

　한국은 지식을 수입하는 나라였다. 과학, 수학 관련 지식을 외국 유학을 통해 습득하고, 공학 분야는 외국 회사와 합작을 통해 기술을 배웠다. 출발점이 다르기 때문에 한참 뒤처져 열심히 따라잡아야 하는 형국이었으나 전자, 컴퓨터공학 분야는 출발점 차이가 적어 모든 나라가 거의 비슷하다. 이제는 따라가는 것이 아니라 내가 밟는 길이 처음 가는 길이 될 것이다.

오픈소스 하드웨어인 아두이노는 하드웨어 진입 장벽을 대학생 수준으로 낮추었고, 오픈소스 소프트웨어인 스크래치는 프로그래밍 진입 장벽을 초등 수준으로 낮추었다. 하드웨어 진입 장벽을 초등 수준으로 낮추고, 다양한 센서를 블록 코딩으로 지원하면 사용하기 아주 쉬운 만능 도구가 탄생하게 된다. 진입 장벽만 낮아졌지 난이도가 높은 다양한 프로젝트가 가능하므로 학생들의 창의적인 아이디어를 모두 수용할 수 있다. 문제 해결에 필요한 만능 도구로 쓰일 수 있게 된 것이다.

　사용하기 쉬운 만능 도구를 손에 쥐었으니 여러분 앞에 있는 모든 문제를 창의적인 아이디어로 해결해 나가길 바란다. 건투를 빈다.

　코딩 교육만큼 중요한 이슈로 STEAM 교육(융합 인재 교육)이 있다. STEAM 교육은 Science(과학), Technology(기술), Engineering(공학), Arts(예술), Mathmatics(수학)의 융합 교육으로, 창의적 설계와 감성적 체험 활동을 통해 종합적으로 문제 해결을 할 수 있는 인재 양성 교육이다. 본 교재가 STEAM 교육에 유용하게 쓰이길 바란다.

목차

PART 02 센서 모듈 사용하기

PART 03 **프로젝트**

PART 1
이론

1부에서는 피지컬 컴퓨팅에 대한 이론적인 부분과 실습을 위한 준비를 다룬다. 기본 개념을 익히고, 소프트웨어 사용 방법과 하드웨어 세팅 방법을 익혀 실습을 위한 기본기를 다진다. 사용 가능한 소프트웨어는 스크래치 기반 mBlock, 엔트리, 스크래치X의 블록 코딩, IDE의 텍스트 코딩 등 모두 사용 가능하지만 기본적으로 블록 코딩을 이용한다. 하드웨어는 아두이노를 사용하기 쉽게 개량한 디지털 몽키 보드와 센서 쉴드를 적층한 아두이노를 사용한다.

PART 1 | 이론

 1. 피지컬 컴퓨팅이란?

피지컬 컴퓨팅은 인간과 상호작용 가능한 작품이나 사물을 만들어 내는 활동을 뜻한다. 사람이나 사물의 반응을 센서로 받아들여 처리하고, 결과를 출력하여 인간과 상호작용한다. 이를 위해서는 컴퓨터와 출력 장치, 센서 입력 장치 반응에 따라 처리하도록 하는 명령어가 필요하다.

피지컬 컴퓨팅은 미디어 예술가들이 관객과 상호작용하는 예술작품을 만들기 위해 탄생했다. 예술작품을 만들기 위해서는 여러 번의 시제품 제작과 움직임 테스트 과정이 필요하다. 초기의 인터렉션 예술가들은 어려운 전자공학과 코딩, 고가의 장비로 인해 많은 어려움을 겪었다. 인터렉션 아트 교육자들도 전자공학, 컴퓨터공학을 배우지 않은 예술 전공 학생들을 교육하기 때문에 같은 어려움을 겪었다. 따라서 전자 장치 세팅과 명령어 코딩이 쉬워 예술작품의 동작을 바로 테스트해 볼 수 있는 장비가 필요했다.

이 문제를 해결하기 위해 아두이노가 만들어졌다. 저렴한 가격과 많은 입출력 포트를 가진 아두이노는 하드웨어 설계도면과 소스코드가 오픈되어 누구나 자유롭게 변주하여 사용 가능하도록 만들었다. 사용하기 쉬워진 아두이노는 전 세계에 메이커 열풍을 불게 만들었다.

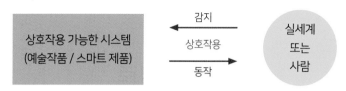

[그림 1-1] 인터렉티브 아트 예술작품 예제

⚙ 2. 마이크로 컨트롤러와 아두이노

　냉장고, 세탁기, 에어컨 같은 가정용 전자제품을 자동으로 제어하기 위해 필요한 중앙처리장치를 마이크로 컨트롤러(MCU)라고 한다. 과거엔 전문 엔지니어들만 마이크로 컨트롤러를 사용하여 자신이 원하는 동작을 수행하도록 만들 수 있었다. 마이크로 컨트롤러 사용법은 대학에서 자동제어, 전자공학, 전기공학을 전공하는 대학생들이 배우는 내용으로 일반인들은 접근하기 매우 어려운 분야였다.

　그러나 인터렉티브 예술가들은 이 어려운 장치를 고가로 구매하여 사용하고 있었다. 따라서 공학 지식이 부족한 예술가들이 예술작품을 자신이 상상하는 형태로 움직이게 만들기 위해 사용하기 쉽고, 저렴한 마이크로 컨트롤러가 필요하게 되었다. 이 문제를 해결하기 위해 이탈리아의 마시모 밴지 교수가 아두이노를 만들었다. 아두이노를 이용하면 전문가급의 노하우 없이 쉽게 자신이 상상하는 작품이나 스마트 사물을 만들고 제어할 수 있다.

　아두이노는 사람으로 치면 두뇌이다. 오감과 손발이 없으므로 오감 역할을 하는 센서와 손발 역할을 하는 모터, LED, LCD 등이 필요하게 된다. 센서들을 사용하기 위해 회로를 구성해 줘야 하며, 출력 장치를 연결해 줘야 한다. 따라서 전자공학에 관한 기본적인 지식이 필요하게 된다.

　이러한 하드웨어는 사용자가 원하는 동작을 수행하도록 하기 위해서 프로그래밍이 필요하다. 프로그래밍 언어는 C, C++, Java 같은 텍스트 형태의 언어를 사용한다. 정리하면 산업 현장의 전문가들이 사용하는 마이크로 컨트롤러를 대학원

학생들이 쉽게 시제품을 제작할 수 있도록 만든 것이 아두이노이다. 아두이노를 사용하면 자신이 상상한 무엇이든 실현할 수 있게 되는 것이다.

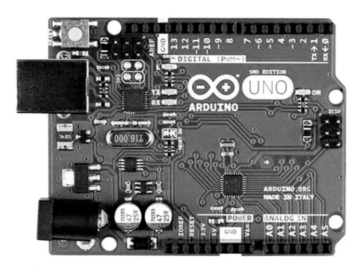

[그림 1-2] 아두이노 우노 보드

⚙ 3. 아두이노 쉽게 사용하기

아두이노는 사용 대상을 전자컴퓨터 비전공 대학원생 수준으로 만들었고, 전자부품을 회로로 구성해 하드웨어를 세팅하고, 텍스트 코딩으로 프로그램을 만들게 된다. 기존의 시제품 제작 방식보다 획기적으로 난이도가 낮아져 전 세계에 메이커 열풍이 불게 만든 핵심 역할을 하였다.

SW교육이 공교육에 도입되면서 사용자 연령층이 매우 낮아지게 되었다. 스크린에서만 작동하는 소프트웨어를 만들면 학생들의 흥미도가 매우 떨어지므로 직접 손으로 만들어 작동시키는 피지컬 컴퓨팅이 교육과정에 편입되었다. 따라서 아두이노 같은 피지컬 컴퓨팅 보드가 필요하게 되었다. 그러나 아두이노는 공교육의 초중고 학생이나 비전공 대학생에겐 하드웨어 세팅이 매우 어렵고, 코딩도 텍스트 코딩으로 매우 어렵다. 대안으로 아두이노보드를 하드웨어 연결이 쉽게 변형한 보드가 판매되고 있다. 그러나 하드웨어 세팅이 매우 쉬워졌지만 기능을 제한해 학생들의 창의적인 아이디어를 제한하는 단점을 갖고 있다. 따라서 진입 장벽만 낮추고 아두이노의 막강한 기능을 제한하지 않는 방법을 찾아내면 매우 다양한 프로젝트를 만들 수 있게 된다.

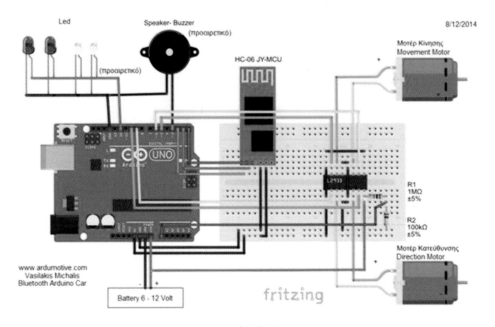

[그림 1-3-1] 아두이노 우노 보드

하드웨어 쉽게 사용하기

아두이노에 센서 모듈을 연결하기 쉽게 개량해 센서 쉴드도 사용할 필요가 없게 만든 아두이노 디지털 몽키 보드로 하드웨어 연결의 어려움을 쉽게 해결할 수 있다. 디지털 몽키 보드는 Gnd, Vcc, Signal이 필요한 센서 모듈을 연결하기 쉽도록 3, 4, 5핀 헤더를 아두이노의 0~13번까지 순서대로 보드에 내장하여 브레드 보드를 이용한 회로 구성이 필요 없게 만든 아두이노 호환 보드이다.

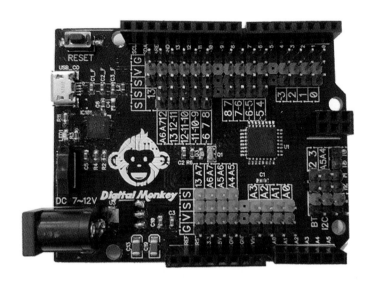

[그림 1-3-2] 디지털 몽키 실물

[그림 1-3-3] 아두이노 호환 디지털 몽키와 센서 모듈

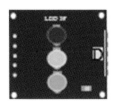

하드웨어를 쉽게 사용하는 방법은 전자부품으로 회로를 구성하지 않고 센서 모듈을 사용하는 것이다. 부품화되어 있는 센서로 회로를 구성해 간단히 쓸 수 있도록 모듈화해 놓은 상품이 많이 판매되고 있다. 아두이노에는 전원을 공급해 주는 +, - 핀이 몇 개 없어서 브레드 보드를 이용해 센서 모듈을 연결해야 하는 문제도 센서 쉴드라는 제품을 이용하면 간단히 해결 가능하다.

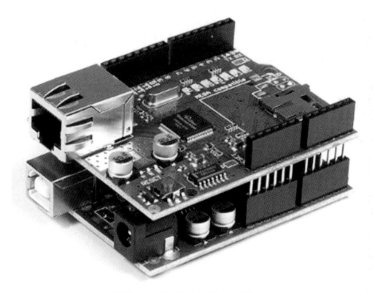

[그림 1-3-4] 아두이노와 쉴드 적층

[그림 1-3-5] 센서 모듈   [그림 1-3-6] 센서 모듈   [그림 1-3-7] 센서 모듈

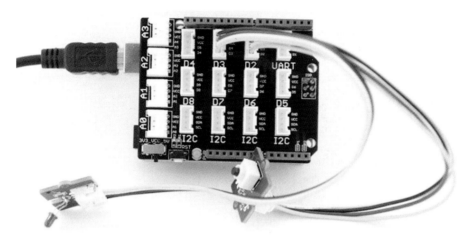

[그림 1-3-8] 아두이노 + 센서 쉴드 + 센서 모듈 조합

소프트웨어 쉽게 사용하기

텍스트 코딩인 스케치를 이용해 아두이노를 제어해야 하는 문제도 블록 코딩으로 해결 가능하다. 오픈 소스 블록 코딩 교육용 언어인 스크래치 2.0을 개량해 하드웨어인 아두이노를 제어할 수 있는 SW가 많이 출시되었다. 대표적으로 mBlock, 엔트리, 메이크코드, 키튼 블럭 등 매우 다양하다.

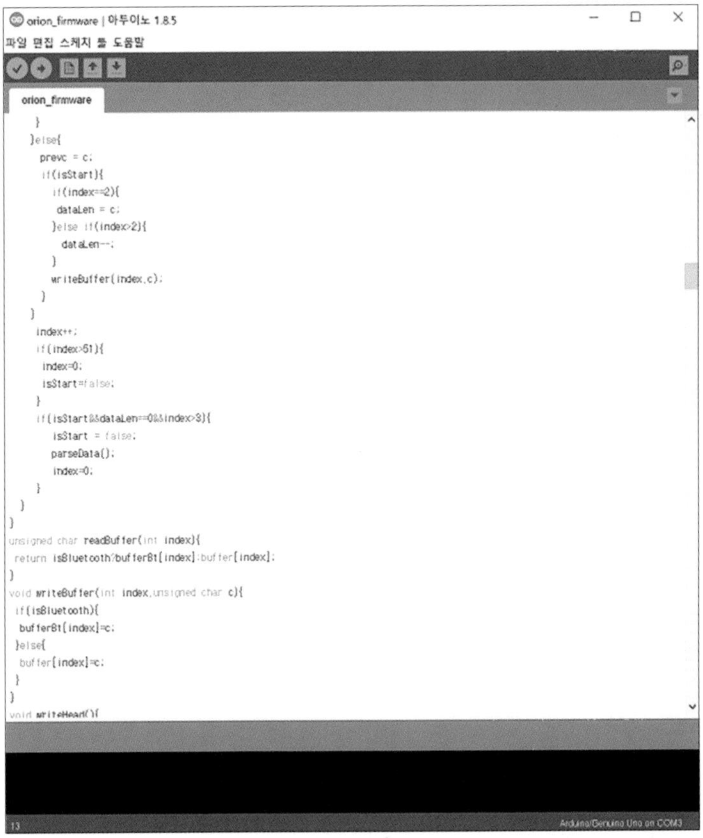

[그림 1-3-9] 스케치

[그림 1-3-10] 엔트리

피지컬 컴퓨팅&코딩 교육을 위한 **아두이노보다 더 쉬운 아두이노**

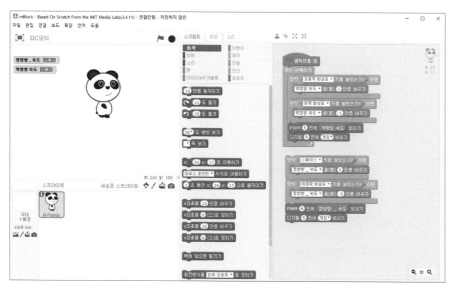

[그림 1-3-11] 엠블럭을 이용한 아두이노 프로그램

　대부분의 블록 코딩 언어들이 아두이노의 기본 디지털/아날로그 입출력 센서들을 사용할 수 있는 명령을 제공한다. LCD, 도트 매트릭스, 블루투스, 와이파이 같은 라이브러리가 필요한 센서들을 제어할 수 있는 명령 블록은 제공하지 않는다. 본 교재에서는 확장 블록을 이용해 다양한 센서를 사용하는 방법을 제공한다.

　따라서 우리는 하드웨어 세팅이 매우 쉬운 하드웨어와 코딩이 쉬운 블록 코딩 소프트웨어를 사용하여 문제를 해결하는 도구로 사용할 것이다.

⚙ 4. 소프트웨어 설치 및 세팅

아두이노를 제어하기 위해서는 명령을 내려 줘야 하고, 명령을 입력하기 위해 스케치라 불리는 통합 계발 환경(IDE)을 이용해 텍스트 코딩을 한다.

우리는 쉽게 사용하는 것이 목표이기 때문에 블록 코딩으로 아두이노를 제어할 것이다. 아두이노를 블록 명령으로 제어할 수 있는 소프트웨어는 매우 다양하다. 엔트리, 스크래치X, S4A, mBlock 등이 있다. 다양한 센서 모듈을 제한 없이 사용하기 위해서 각 센서별 전용 명령 블록이 필요하다. mBlock의 확장 블럭 등록 기능을 이용해 다양한 센서들을 사용할 수 있다. 따라서 mBlock을 주요 코딩 언어로 사용한다.

가. mBlock 검색

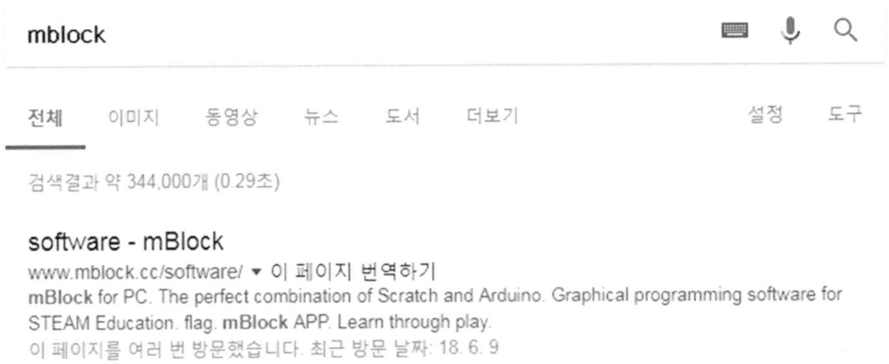

mblock   ⌨ 🎤 🔍

전체   이미지   동영상   뉴스   도서   더보기   설정   도구

검색결과 약 344,000개 (0.29초)

software - mBlock
www.mblock.cc/software/ ▾ 이 페이지 번역하기
mBlock for PC. The perfect combination of Scratch and Arduino. Graphical programming software for
STEAM Education. flag. **mBlock** APP. Learn through play.
이 페이지를 여러 번 방문했습니다. 최근 방문 날짜: 18. 6. 9

[그림 1-4-1] mblock 검색

나. PC용 엠블럭3 선택

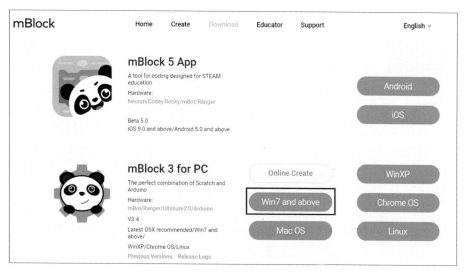

[그림 1-4-2] 엠블럭 3 다운로드

다. 다운로드 후 설치

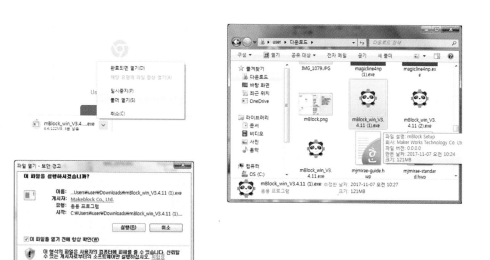

[그림 1-4-3] 다운로드

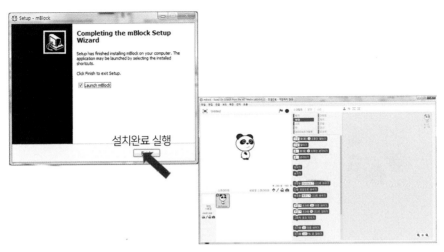

[그림 1-4-4] 설치

mBlock5는 스크래치 3.0 기반의 프로그램이고 아직까지 아두이노를 지원하지 않는다. 그러나 스크래치 2.0 기반의 mBlock 3는 아두이노를 지원한다.

라. mBlock 설정하기

확장 메뉴를 클릭한다. 우리가 사용할 보드는 아두이노이기 때문에 아두이노에 체크되어 있는지 확인한다.

[그림 1-4-5] 확장-아두이노

이번엔 보드 메뉴를 클릭한다. 5가지 아두이노 보드를 지원하는데 그중 우리는 아두이노 우노(Arduino Uno)이다. 아두이노 우노(Arduino Uno)에 체크되어 있는지 확인한다.

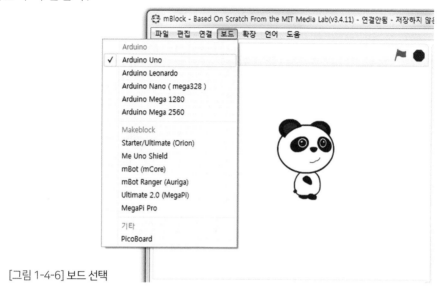

[그림 1-4-6] 보드 선택

마지막으로 연결 메뉴를 클릭한다. 서브 메뉴 중 시리얼 포트를 누르면 COM1, COM2 포트가 나타난다. 보통 아무것도 연결하지 않았을 때 기본적으로 가지고 있는 COM 포트가 보이게 된다. 따라서 COM1, COM2 포트는 선택하지 않는다

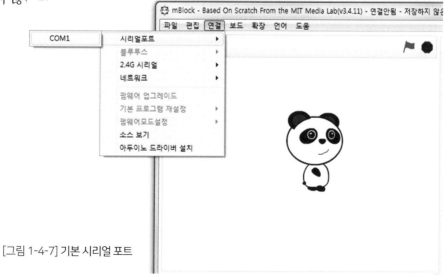

[그림 1-4-7] 기본 시리얼 포트

디지털 몽키를 컴퓨터에 연결하면 COM 3~n같은 새로운 포트가 나타나게 된다. 하지만 노트북에서는 COM 2번을 선택할 때도 간혹 있다. 새롭게 인식한 포트를 클릭한다. tip) 잘 모르시면 포트번호 중 가장 밑에 있는 것을 선택하면 된다.

[그림 1-4-8] 시리얼 포트 선택

COM 포트에 연결이 되면 로보트 팔레트를 클릭하여 연결되었는지 확인한다. 로보트 팔레트는 아두이노를 제어할 수 있는 명령 블록들이 모여 있다. 그곳의 빨간색 동그라미가 초록색 동그라미로 바뀌면 아두이노와 mBlock이 잘 연결되었단 뜻이다. 이제부터 아두이노를 블록 명령어로 제어할 수 있다.

[그림 1-4-9] 연결 해제 표시

[그림 1-4-10] 연결 성공 표시

⚙ 5. 마이크로 USB 드라이버 설치하기

몽키보드나 아두이노를 USB 케이블로 컴퓨터에 연결하면 자동으로 하드웨어를 인식하여 com 포트를 잡아 준다. 하지만 micro USB 같은 경우는 자동으로 포트를 인식하지 못하는 경우가 많다. 따라서 사용자가 USB 드라이버를 설치해 줘야 한다. 드라이버 제조사에서 직접 다운받거나 몽키 보드 사이트, 엔트리 사이트를 이용한다.

[그림 1-5-1] 드라이버 검색

마이크로 USB 드라이버는 CP2101로 검색한다.

[그림 1-5-2] 드라이버 제조사 사이트

실리콘 랩 사이트에 접속하여 드라이버를 다운받는다.

Download for Windows 10 Universal (v10.1.3)

Platform	Software	Release Notes
Windows 10 Universal	Download VCP (2.3 MB)	Download VCP Revision History

Download for Windows 7/8/8.1 (v6.7.6)

Platform	Software	Release Notes
Windows 7/8/8.1	Download VCP (5.3 MB) (Default)	Download VCP Revision History
Windows 7/8/8.1	Download VCP with Serial Enumeration (5.3 MB) Learn More »	Download VCP Revision History

Download for Windows XP/Server 2003/Vista/7/8/8.1 (v6.7)

Platform	Software	Release Notes
Windows XP/Server 2003/Vista/7/8/8.1	Download VCP (3.66 MB)	Download VCP Revision History

[그림 1-5-3] 운영 체제 선택

운영 체제의 종류에 맞는 드라이버를 선택한다.

한국형 EPL인 엔트리 사이트에서 다운로드받아 설치하는 방법도 있다.

[그림 1-5-4] 엔트리 검색

엔트리를 검색한다.

[그림 1-5-5] 다운로드 메뉴 접속

엔트리사이트에 접속하면 ENTRY 로고를 클릭한다. 펼침 메뉴에서 다운로드 메뉴를 클릭한다.

[그림 1-5-6] 다운로드 메뉴 화면

다운로드 메뉴를 누르면 오프라인 버전 다운로드 화면이 나온다. 아래로 스크롤하면 엔트리 하드웨어 연결 프로그램 다운로드 화면을 볼 수 있다.

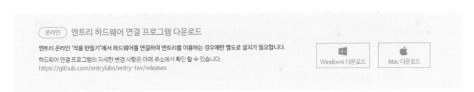

[그림 1-5-7] 하드웨어 연결 프로그램 다운

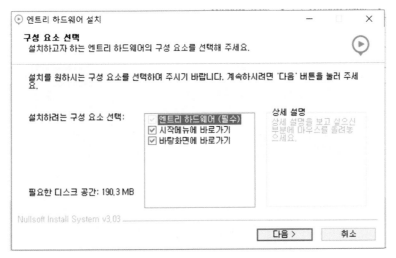

[그림 1-5-8] 설치 실행

다운로드 버튼을 누르면 파일이 다운되고 설치 버튼을 누른다.

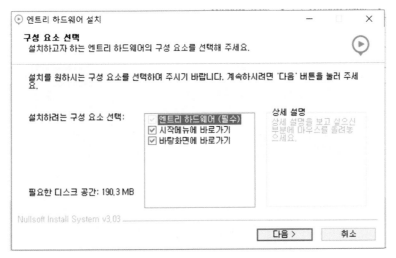

[그림 1-5-9] 설치

설치가 진행되고 바로 실행 버튼을 누른다.

[그림 1-5-10] 보드 선택

하드웨어 선택 화면에서 아래로 스크롤하여 디지털 몽키 보드를 선택한다.

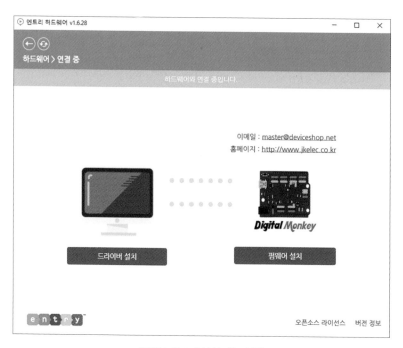

[그림 1-5-11] 설치 메뉴 선택

몽키 보드의 드라이버와 펌웨어를 설치할 수 있는 메뉴로 전환된다.

[그림 1-5-12] 드라이버 설치

드라이버를 설치한다.

드라이버 설치가 끝나면 하드웨어 연결 프로그램을 종료하고 mBlock을 실행
시켜 몽키 보드를 컴퓨터에 연결하면 새로운 com 포트가 생성됨을 알 수 있다.

⚙ 6. 확장 블록 사용하기

mBlock에서 제공하는 기본 명령 블록만 가지고 진행할 수 없는 프로젝트라면 확장 블록을 사용해야 한다. 확장 블록은 확장 메뉴의 확장 관리에서 다운로드받아야 한다.

[그림 1-6-1]
확장-확장 관리

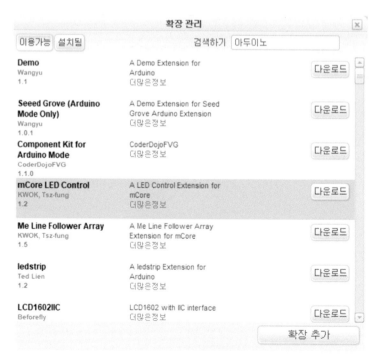

[그림 1-6-2] 확장 블록 검색

확장 관리창에는 다양한 사용자가 만들어 놓은 확장 블럭들이 존재하는데 검색창에서 아두이노 디지털 몽키 Extension을 검색한다.

검색창에서 '아두이노'를 입력하면 아두이노 디지털 몽키 확장이 검색되고 다운로드 버튼을 눌러 설치한다.

[그림 1-6-3] 확장블럭 다운로드

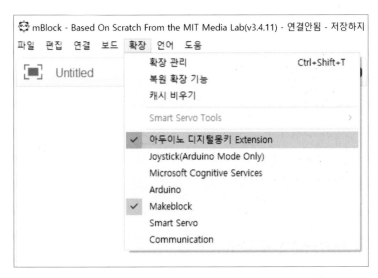

[그림 1-6-4] 확장등록 확인

확장 메뉴를 보면 설치한 확장이 등록되어 있음을 확인할 수 있다.

로봇 파레트에 가면 다운로드된 확장 블럭을 볼수 있게 된다. 기본 명령 블록으로 제어하지 못하는 다양한 센서 모듈과 출력 장치를 제어할 수 있는 확장 블록이 등록되었음을 알 수 있다.

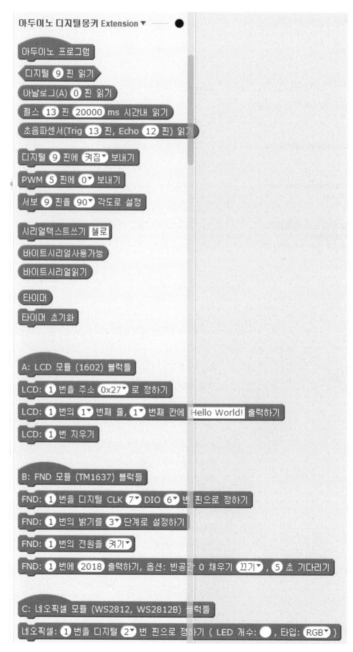

[그림 1-6-5] 다양한 센서 제어용 확장 블럭

센서 모듈	확장 블럭
I2C LCD를 사용할 수 있는 확장 블록 2줄의 16개 문자를 표시	A: LCD 모듈 (1602) 블럭들 LCD: ①번을 주소 0x27▼ 로 정하기 LCD: ①번의 1▼ 번째 줄, 1▼ 번째 칸에 LCD: ①번 지우기
FND는 7세그먼트라고도 하며 숫자 표시 장치이다. TM1637 드라이버를 사용하는 모듈을 제어하는 확장 블록	B: FND 모듈 (TM1637) 블럭들 FND: ①번을 디지털 CLK 7▼ DIO 6▼ 번 FND: ①번의 밝기를 3▼ 단계로 설정하기 FND: ①번의 전원을 켜기▼ FND: ①번에 2018 출력하기, 옵션: 빈공간
네오픽셀은 RGB 색상을 자유롭게 표현할 수 있는 LED로 WS2812칩을 사용한 모듈을 제어하는 확장 블록	C: 네오픽셀 모듈 (WS2812, WS2812B) 네오픽셀: ①번을 디지털 2▼ 번 핀으로 정 네오픽셀-RGB: ①번의 LED ①번의 색을 네오픽셀-RGBW: ①번의 LED ①번의 색을 네오픽셀: ①번 켜기▼
8*8개의 LED를 표시하는 도트 매트릭스를 제어하는 확장 블록, 제어 칩은 MAX7219를 사용	D: 매트릭스 모듈 (MAX7219 matrix) 블럭 매트릭스: 디지털 Din 9▼ , CS 10▼ , CL 매트릭스: ①번의 1▼ 행과 1▼ 열의 LED 매트릭스: ①번의 1▼ 행▼ 에 11111111 매트릭스: ①번 지우기
RGB LED를 사용하기 쉽게 만들어 놓은 확장 블록	E: RGB LED 모듈 블럭들 RGB LED: ①번을 디지털 R 9▼ G 10▼ RGB LED: ①번을 R 0 G 0 B 0 으로

센서 모듈	확장 블록
빨강, 노랑, 초록의 3색 LED를 쉽게 사용하기 위한 확장 블록	F: 신호등 LED 모듈 블럭들 신호등: ①번을 디지털 빨간색 ⑨▼ 노란색 신호등: ①번의 빨간색▼ 을 500 밀리초 동 신호등: ①번의 빨간색▼ 을 ⓪ 밀리초 동안 신호등: ①번의 빨간색▼ 을 끄고 초록색▼
DC 모터의 좌우 회전과 속조를 제어하기 위한 확방 블록, 모터 제어 드라이버 칩셋은 L9110H 사용	G: DC 모터 모듈 (L9110H) 블럭들 DC모터: ①번을 디지털 A ⑪▼ B ⑩▼ 번 DC모터: ①번을 속도를 150 방향을 시계▼ DC모터: ①번 멈추기
스텝 모터를 제어하기 위한 확방 블록, 스텝 모터 제어 드라이버 칩셋은 28BYJ-48사용	H: 스텝모터 모듈 (28BYJ-48 & UNL2003) 스텝모터: ①번을 디지털 IN1 ②▼, IN2 ③ 스텝모터: ①번의 속도를 10 로 설정하기 스텝모터: ①번의 각도를 ⓪ 로 설정하기 스텝모터: ①번을 움직이기
LM35를 사용하는 온도 센서 모듈 제어 확장 블록	I: 온도센서 모듈 (LM35) 블럭들 온도센서: ①번을 아날로그 ⓪▼ 번 핀으로 온도센서: ①번 읽기
SI7021을 사용하는 온습도 센서 모듈 제어를 위한 확장 블록	J: 온습도센서 모듈 (SI7021) 블럭들 온습도센서: 온도 온습도센서: 습도
자이로스코프 제어 확장 블록	K: 나침반센서 모듈 (LSM303DH) 블럭들 나침반센서: 가속도계의 X▼ 축 나침반센서: 자력계의 X▼ 축

센서 모듈	확장 블럭
미세먼지 센서 제어 확장 블록, Grove사와 Sharp 사의 센서 사용 가능	L: 미세먼지센서 모듈 (Grove, Sharp) 블럭 Grove 미세먼지센서: ① 번을 디지털 ⑧▼ 번 Grove 미세먼지센서: ① 번의 ⑮▼ 초 동안 Sharp 미세먼지센서: ① 번을 LED ⑤▼ , 디 Sharp 미세먼지센서: ① 번의 미세먼지농도
실시간 시계 센서 모듈을 사용하기 위한 확장 블록	M: RTC 모듈 (DS1307) 블럭들 RTC: 현재 시간과 날짜로 초기화하기 RTC: 시간 RTC: 시간중 시▼ 만 읽기 RTC: 날짜 RTC: 날짜중 년▼ 만 읽기
적외선 송수신기를 사용하기 위한 확장 블록	N: IR 송수신 모듈 블럭들 IR 송신: ● 보내기 (주의!!: IR 송신모듈은 IR 수신: ① 번을 디지털 ②▼ 번 핀으로 정 IR 수신: ① 번 재시작하기 IR 수신: ① 번에 값이 들어왔는가? IR 수신: ① 번 읽기
블루투스를 사용하기 위한 확장 블록, 칩셋은 HC-06	O: 블루투스 모듈 (HC-06) 블럭들 HC-06 BT: ① 번을 디지털 TX ②▼ RX ③▼ HC-06 BT: ① 번의 이름을 HC-06 비번을 HC-06 BT: ① 번의 모드를 슬레이브▼ 로 HC-06 BT: ① 번으로 데이터 □ 를 보내기 HC-06 BT: ① 번에 데이터가 들어왔는가? HC-06 BT: ① 번의 데이터를 문자열로 읽 HC-06 BT: ① 번의 데이터를 숫자로 읽기

센서 모듈	확장 블록
와이파이 모듈을 사용하기 위한 확장 블록	P: 와이파이 모듈 (ESP-12E) 블럭들 Wi-Fi: ❶ 번을 디지털 TX ❷▾ RX ❸▾ 핀으 Wi-Fi: ❶ 번에 와이파이 연결하기, 이름 ▯ Wi-Fi: ❶ 번에 와이파이 연결하기, 이름 ▯ ThingSpeak: ThingSpeak write API 키 ThingSpeak: ❶ 번으로 채널에 데이터 보니
MP3 모듈을 사용하기 위한 확장 블록	Q: MP3 모듈 (KT403A) 블록들 MP3: TX ❷▾ , RX ❸▾ 번 핀으로 정하기 MP3: ❶ 번곡 실행 MP3: 잠시멈춤 MP3: 다시시작 MP3: 다음곡 MP3: 이전곡 MP3: 모든곡 반복재생 MP3: 소리올림 MP3: 소리내림

7. 보드에 업로드하기

mBlock에서 블록을 사용하여 프로그래밍을 한 후에 아두이노 우노보드에 업로드를 하려면 편집 메뉴에서 아두이노 모드를 선택한다.

[그림 1-7-1] 아두이노 모드 선택

[그림 1-7-2] 아두이노 모드 화면과 같은 화면이 나타나고 아두이노로 업로드 버튼을 선택하면 자신이 블록으로 만든 프로그램을 텍스트로 변환하여 아두이노 우노보드에 업로드하게 된다. 업로드가 완료되면 컴퓨터와 연결을 해제해도 베터리만 연결하면 독립적으로 실행시킬 수 있게 된다.

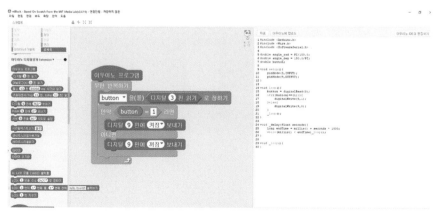

[그림 1-7-2] 아두이노 모드 화면

블록 명령에 해당하는 텍스트 명령이 나타나고 이를 아두이노에 업로드하여 외부 전원과 연결 후 독립적으로 실행할 수 있게 된다.

```
뒤로    아두이노에 업로드                                          아두이노 IDE로 편집하기
 1 #include <Arduino.h>
 2 #include <Wire.h>
 3 #include <SoftwareSerial.h>
 4
 5 double angle_rad = PI/180.0;
 6 double angle_deg = 180.0/PI;
 7 double button;
 8
 9 void setup(){
10     pinMode(3,INPUT);
11     pinMode(9,OUTPUT);
12 }
13
14 void loop(){
15     button = digitalRead(3);
16     if(((button)==(1))){
17         digitalWrite(9,1);
18     }else{
19         digitalWrite(9,0);
20     }
21     _loop();
22 }
23
24 void _delay(float seconds){
25     long endTime = millis() + seconds * 1000;
26     while(millis() < endTime)_loop();
27 }
28
29 void _loop(){
30 }
```

[그림 1-7-3] 아두이노에 업로드

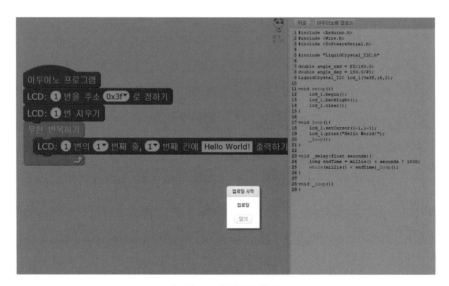

[그림 1-7-4] 업로드 완료

업로드 실행 중에는 [그림 1-7-4]와 같이 화면이 어두워지고 업로드가 완료되면 'Thank you' 메시지가 뜨게 된다.

8. 에러 대처하기

Q: COM 포트가 안보여요
A: 마이크로 USB 드라이버를
설치하세요.

Q: 시리얼 포트를 연결했
는데 안 돼요.
A: COM1,2를 제외한 다른
포트를 선택하세요.

Q: 실행이 잘 되다
갑자기 안 돼요.
A: 엠블럭 프로그램을
다시 실행시키세요.

Q: 실행이 잘 되다
갑자기 안 돼요.
A: 시리얼 포트 연결을
해제했다 다시 연결하세요.

Q: 동작을 안 해요.
A: 빨간불이 들어 오면
안 돼요.

Q: 깃발을 눌러도
실행이 안 돼요.
A: 펌웨어를
업그레이드하세요.

Q: 센서가 반응을 안 해요.
A: 핀 번호와 색을 구분해서
연결했는지 보세요.

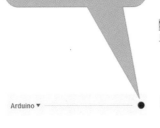

⚙ 9. 하드웨어 세팅

하드웨어 세팅은 두 가지 방법으로 안내합니다. 아두이노에 센서 쉴드를 사용하는 방법과 디지털 몽키 보드를 이용하는 방법을 안내한다.

아두이노와 센서 쉴드 사용

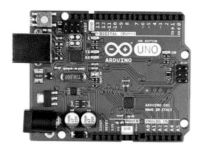

[그림 1-9-1] 아두이노 우노

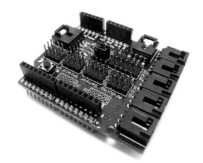

[그림 1-9-2] 센서 쉴드

아두이노에 입출력 장치를 쉽게 연결하도록 적층하는 보드를 센서 쉴드라고 한다.

센서 쉴드의 종류는 매우 다양하다. 모듈화되어 있는 센서를 연결하기 쉽게 되어 있는 제품을 고르면 된다. 아두이노 디바이스를 판매하는 인터넷 마트에서 쉽게 검색해 구매할 수 있다.

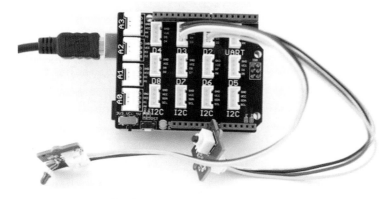

[그림 1-9-3] 센서 쉴드와 센서 모듈 연결

센서 모듈은 전원을 공급받는 Vcc, Gnd의 2개의 핀이 필요합니다. 센서값을 전송하는 핀은 1~2개가 필요합니다. 따라서 센서 쉴드에는 3핀, 4핀으로 이루어진 헤더핀이 다수 존재하게 됩니다. 무지개 케이블을 센서 모듈에 연결하고 Gnd Vcc Signal을 구분하여 쉴드에 연결해 준다.

디지털 몽키 보드 사용

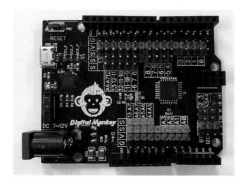

[그림 1-9-4] 디지털 몽키 실물

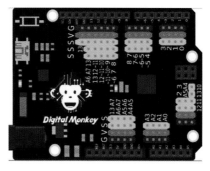

[그림 1-9-5] 디지털 몽키 이미지

디지털 몽키 보드는 아두이노에 센서 쉴드를 더한 것이다. 쉴드를 적층해 사용하는 대신 센서 쉴드가 보드에 내장되어 있는 아두이노라고 생각하면 된다. 센서 쉴드와 마찬가지로 Vcc, Gnd, Signal로 구성된 3, 4, 5핀이 내장되어 센서 및 출력 장치 연결이 매우 편해진 아두이노 호환 보드이다.

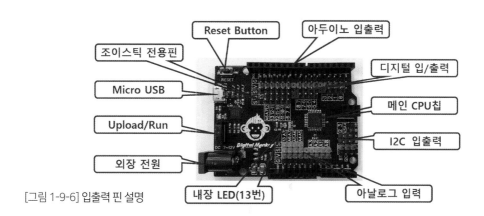

[그림 1-9-6] 입출력 핀 설명

[그림 1-9-7] 보드에 센서 모듈 연결하기

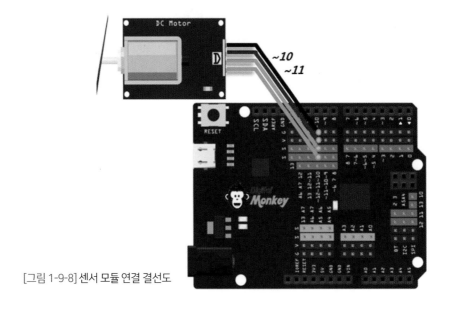

[그림 1-9-8] 센서 모듈 연결 결선도

센서 쉴드나 디지털 몽키 보드나 빨간색은 +, Vcc이고, 검은색은 -, Gnd이다. 센서 모듈에 연결한 케이블 색을 보드에 맞춰 연결한다. 연결 후 핀 번호를 기억하고 코딩할 때 핀 번호를 입력 또는 출력으로 세팅하여 사용한다.

두 가지 하드웨어 세팅 방식 모두 브레드보드를 사용한 회로 구성이 필요 없어 초보자나 비전공자가 쉽게 사용할 수 있다.

10. 센서 모듈 리스트

디지털 몽키 전용 센서 모듈		아두이노 상용 센서 모듈	
버튼 모듈	LED 모듈	버튼 모듈	LED 모듈
신호등 LED	RGB LED	신호등 LED	RGB LED
조도 센서	온도 센서	조도 센서	온도 센서
온/습도 센서	가변저항	온/습도 센서	가변저항
조이스틱	초음파 센서	조이스틱	초음파 센서

디지털 몽키 센서 모듈		아두이노 센서 모듈	
부저	마이크	부저	마이크
DC 모터	기어드 모터	DC 모터	기어드 모터
서보 모터	기울기 센서	서보 모터	기울기 센서
레이저	터치 센서	레이저	터치 센서
동작 감지	화염 감지	동작 감지	화염 감지
자기 감지	라인 감지	자기 감지	라인 감지

적외선 속도	적외선 거리	적외선 속도	적외선 거리
LCD	자이로스코프	LCD	자이로스코프
FND	도트 매트릭스	FND	도트 매트릭스
RTC	적외선 수신	RTC	적외선 수신
블루투스	와이파이	블루투스	와이파이
릴레이	미세먼지 센서	릴레이	미세먼지 센서
네오픽셀	제스처/컬러 센서	네오픽셀	제스처/컬러 센서

🔧 11. 연결 테스트하기

하드웨어이기 때문에 연결이 잘 되었는지 사용자가 눈으로 확인해야 한다. 소프트웨어적으로 연결 확인 방법은 전 단원에서 배웠고, 실제 하드웨어를 작동시켜 보면서 연결 여부를 테스트하는 방법이 있다.

이때는 보드에 내장되어 있는 LED를 제어해 본다. 내장 LED는 핀 번호 13으로 지정되어 있으며 제어가 가능하다. 하드웨어 구성없이 내장 LED를 이용하여 동작 확인을 간단하게 테스트한다. 디지털 출력 블럭을 13으로 정하고 켜짐, 꺼짐을 무한 반복하도록 코딩한다.

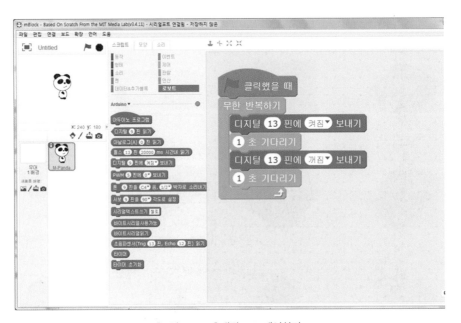

[그림 1-11-1] 내장 LED 제어하기

아두이노의 내장 LED가 1초 간격으로 깜박이는 것을 볼 수 있다. 여기까지 되었다면 보드는 이상이 없는 것이고, 이제부터 다양한 피지컬 컴퓨팅의 세계로 나아갈 준비가 완벽하게 된 것이다. 아두이노보다 쉬운 아두이노의 세계에 오신 여러분을 환영합니다.

⚙ 12. 기본 사용법 익히기

아두이노는 인간으로 치면 명령을 내리고 기억을 하는 뇌에 해당한다. 손, 발, 눈, 코, 입, 귀가 없으므로 우리가 다양한 입출력 장치를 이용해 아두이노에게 오감과 움직일 수 있는 장치를 붙여 줘야 한다.

입력은 일반적으로 여러 종류의 센서를 사용한다. 출력은 액추에이터라 불리는 모터, LED, 디스플레이, 소리 등을 사용한다.

입력 설정하기

아두이노의 입력은 디지털 입력과 아날로그 입력으로 구분한다. 단순하게 0,1 또는 ON/OFF 상태를 입력받는 것은 디지털 입력이라고 한다. 온도나 빛과 같이 다양한 값을 입력받는 것은 아날로그 입력이라고 한다. 디지털 입력과 아날로그 입력은 입력받는 핀의 위치를 물리적으로 구분해 놓았다. 입력할 센서 값이 디지털인지 아날로그인지 파악하고 해당 핀에 연결한다.

[그림 1-12-1] 몽키 보드 케이블 연결하기

[그림 1-12-2] 디지털 입력

[그림 1-12-3] 아날로그 입력

출력 설정하기

아두이노의 출력도 디지털 출력과 아날로그 출력으로 구분한다. ON/OFF 상태를 출력하고 싶다면 아무 출력 핀(2~13)에 연결하면 된다. 그런데 소리의 세기를 다양하게 하거나 빛의 세기를 다양하게 출력하고 싶다면 아날로그 출력에 해당하는 PWM 출력 핀에 연결해야 한다. PWM 출력 핀(3, 5, 6, 9, 10, 11)은 ~표시가 숫자에 붙어 있다.

[그림 1-12-4] 디지털 출력/PWM(아날로그) 출력

[그림 1-12-5] 케이블 연결 예제

　모든 전자제품은 전원을 공급해 줘야 한다. 센서 모듈이나 출력 장치도 마찬가지이다. +와 -는 표준으로 색이 정해져 있다. 빨간색은 +, 검은색은 -로 사용된다. 디지털 몽키 보드는 케이블 색과 보드핀 색에 맞춰 연결하면 되고, 아두이노의 경우 Gnd는 마이너스, Vcc는 플러스에 연결하면 된다.

[그림 1-12-6] 센서 연결 예제

우리는 아두이노를 블록 코딩으로만 제어한다. 블록 코딩 언어는 구글 블록키, 스크래치, 엔트리, S4A, 스크래치X, 메이크코드 등이 있다. 대부분의 아두이노 기반 교구회사들은 스크래치 2.0으로 자사 교구 전용 블록 코딩 SW를 제공한다. 우리가 사용하는 mBlock은 중국의 메이크블럭이라는 회사에서 자사 제품을 제어하기 위해 스크래치 2.0에 하드웨어 제어 블록을 추가해 놓은 것이다. mBlock은 오픈소스 하드웨어인 아두이노를 지원하고 텍스트 코딩으로 변환해주며 업로드도 가능하게 해놨다. 아두이노에 가장 최적화되어 있어 mBlock을 사용한다.

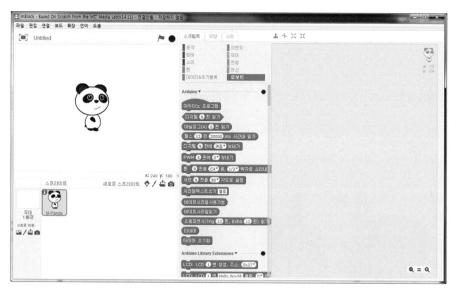

[그림 1-12-7] mBlock

엠블럭에서 제공하는 아두이노 제어 블록은 단순한 입출력 장치와 서보 모터, 초음파 센서를 지원한다. 그 외 LCD, 먼지 센서, 온습도 센서, 블루투스 등 라이브러리가 필요한 센서들은 사용이 불가능하다. 따라서 확장 센터에서 확장 블록을 다운로드받아 사용해야 한다. 기본 제공되는 제어 블록은 깃발을 클릭해 실행도 되고 아두이노에 업로드도 된다. 하지만 확장 블록은 반드시 업로드해서 사용해야 한다.

블록 모양	설명
클릭했을 때	스크래치상에서 실행할 때 사용
아두이노 프로그램	아두이노에 업로드할 때 사용
디지털 9 핀 읽기	디지털 센서 입력(0, 1/ON, OFF)
아날로그(A) 0 핀 읽기	아날로그 센서 입력(0~1023)
디지털 9 핀에 켜짐▼ 보내기	디지털 출력(0, 1/ON, OFF)
PWM 5 핀에 0▼ 보내기	아날로그 출력(PWM 출력, 0~254)
톤 9 핀을 C4▼ 음, 1/2▼ 박자로 소리내기	부저 전용 출력
서보 9 핀을 90▼ 각도로 설정	서보 모터 전용 출력
타이머 초기화 타이머	타이머 0으로 세팅, 타이머 진행 변수
초음파센서(Trig 13 핀, Echo 12 핀) 읽기	초음파 센서 전용 입력

[표 1-12-1] 기본 블록 명령 설명

[그림 1-12-8] 깃발을 클릭했을 때

PART 1 | 이론   53

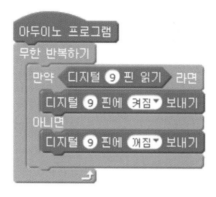

[그림 1-12-9] 업로드할 때

아두이노에 프로그램을 업로드한 적이 있다면 스크래치 상에서 깃발을 눌러 실행해도 반응이 없다. 이때 펌웨어 업그레이드를 해줘 아두이노 보드를 초기화시킨다. 그래야 스프라이트 제어가 가능해진다.

[그림 1-12-10] 보드의 초기화

PART 2
센서 모듈 사용하기

2부에서는 다양한 센서 모듈을 아두이노에 연결하여 사용하는 방법을 알려 준다. 기본 구조는 입력-처리-출력으로 센서값 입력을 조건에 따라 처리하여 장치 또는 디스플레이를 통해 출력하게 된다. 거의 모든 센서들이 사용법이 동일하기 때문에 의외로 사용 방법이 쉽다. 사용자들은 입력이 디지털인지 아날로그인지, 출력이 디지털인지 아날로그인지만 구별할 수 있으면 무엇이든 만들어 낼 수 있게 된다. 사용하는 보드는 디지털 몽키 보드와 아두이노+센서 쉴드를 사용한다. 두 가지 방식 모두 브레드 보드를 이용한 회로 구성이 필요 없는 간단한 방식이므로 센서 모듈을 사용하기 쉽다.

PART 2 | 센서 모듈 사용하기

 1. 버튼 사용하기

기본 정보

입/출력	센서명	연결 포트	사용되는 값	핀수
입력	버튼	디지털	0, 1	3핀
사용법	사용자로부터 입력을 받아 처리할 때			

준비물

보드	입/출력 모듈	케이블
디지털 몽키, 아두이노 우노 센서 쉴드	버튼 모듈	3핀 케이블 USB 케이블

하드웨어 세팅

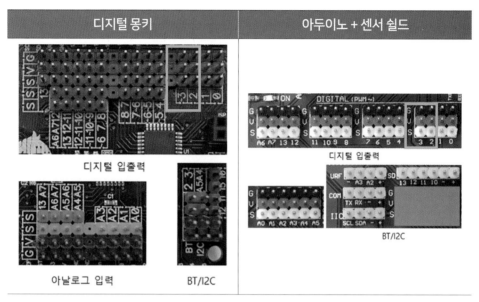

디지털 몽키	아두이노 + 센서 쉴드
디지털 입출력	디지털 입출력
아날로그 입력 BT/I2C	BT/I2C

디지털 3핀에 마이너스, 플러스, 시그널 구분하여 연결

버튼은 on/off값을 입력하는 센서로 디지털 포트에 연결한다. 센서 연결 케이블을 버튼 모듈에 연결하고 몽키 보드의 Gnd, Vcc(검정, 빨강)에 맞춰 원하는 핀엔 연결한다. 이번 실습에서는 버튼을 3번 핀에 연결한다.

코딩

[그림 2-1-1] 버튼 누르면 캐릭터 움직이기

[그림 2-1-2] 버튼을 누르면 캐릭터가 움직인다.

버튼을 누를 때마다 10만큼 움직인다. 만약 벽에 닿으면 튕기고 반대 방향으로 10만큼 움직이게 된다.

2. LED 사용하기

기본 정보

입/출력	센서명	연결 포트	사용되는 값	핀수
출력	LED	디지털	0, 1 or PWM(0~255)	3핀
	사용자로부터 입력을 받아 처리할 때			

준비물

보드	입/출력 모듈	케이블
디지털 몽키 아두이노 우노 센서 쉴드	LED 모듈	3핀 케이블 USB 케이블

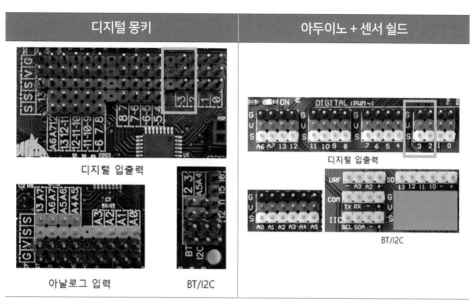

디지털 몽키	아두이노 + 센서 쉴드
디지털 입출력	디지털 입출력
아날로그 입력 / BT/I2C	BT/I2C

디지털 3핀에 마이너스, 플러스, 시그널 구분하여 연결

LED는 출력 장치로 ON/OFF 또는 0~255 사이의 값을 이용해 밝기를 달리해 출력할 수 있다. Gnd, Vcc, 3번 핀에 색을 맞춰 연결한다.

코딩

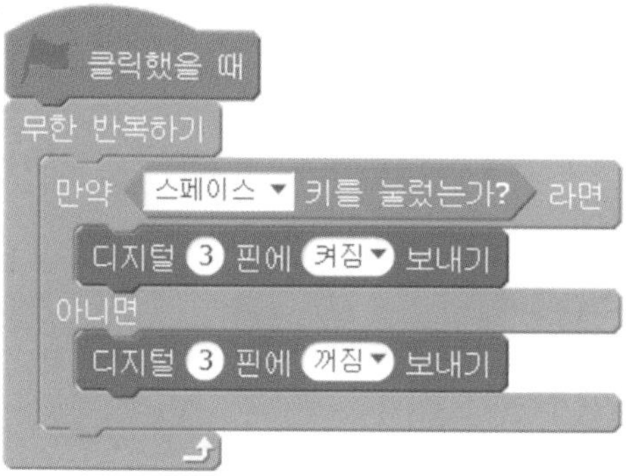

[그림 2-2-1] LED ON/OFF 제어

[그림 2-2-2] LED 밝기 제어

결과

스페이스 바를 누르면 LED가 켜지고, 스페이스 바를 떼면 LED가 꺼진다.

오른쪽 화살표를 누르면 LED가 밝아지고, 왼쪽 화살표를 누르면 LED가 어두어진다.

 ## 3. 신호등 LED 사용하기

기본 정보

입/출력	센서명	연결 포트	사용되는 값	핀수
출력	신호등 LED	디지털	0, 1 or PWM(0~255)	5핀
	출력을 빨, 노, 초 LED로 표현하고 싶을 때			

준비물

보드	입/출력 모듈	케이블
디지털 몽키 아두이노 우노 센서 쉴드	버튼 모듈	3핀 케이블 USB 케이블

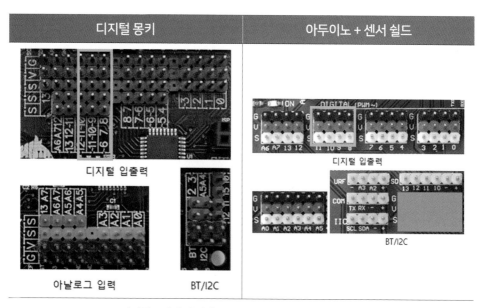

디지털 몽키	아두이노 + 센서 쉴드

디지털 3핀에 마이너스, 플러스, 시그널 구분하여 연결

디지털 포트에 연결한다. ON/OFF로 사용 시 원하는 핀번호에 연결하고, 밝기를 제어할 경우는 PWM핀인 9, 10, 11번 핀에 연결한다.

```
클릭했을 때
무한 반복하기
  만약 ☐ 색에 닿았는가? 라면
    디지털 9 핀에 켜짐▼ 보내기
  아니면
    디지털 9 핀에 꺼짐▼ 보내기

  만약 ☐ 색에 닿았는가? 라면
    디지털 10 핀에 켜짐▼ 보내기
  아니면
    디지털 10 핀에 꺼짐▼ 보내기

  만약 ■ 색에 닿았는가? 라면
    디지털 11 핀에 켜짐▼ 보내기
  아니면
    디지털 11 핀에 꺼짐▼ 보내기
```

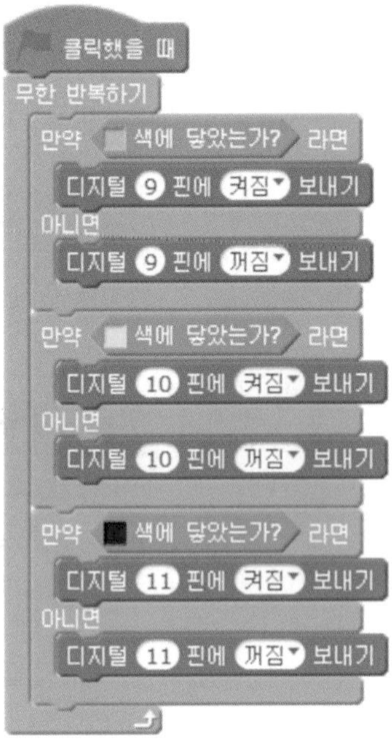

[그림 2-3-1] 신호등 LED 사용하기

[그림 2-3-2] 신호등 LED 제어, 노란 LED 점등

화살표를 동물에 가져가면 동물의 색과 같은 LED가 켜지고, 화살표를 떼면 꺼진다.

4. RGB LED 사용하기

기본 정보

입/출력	센서명	연결 포트	사용되는 값	핀수
출력	RGB LED	디지털	PWM(0~255)	5핀
	빛의 3원색을 출력하고 싶을 때			

준비물

보드	입/출력 모듈	케이블
디지털 몽키 아두이노 우노 센서 쉴드	RGB LED 모듈	3핀 케이블 USB 케이블

하드웨어 세팅

디지털 몽키	아두이노 + 센서 쉴드

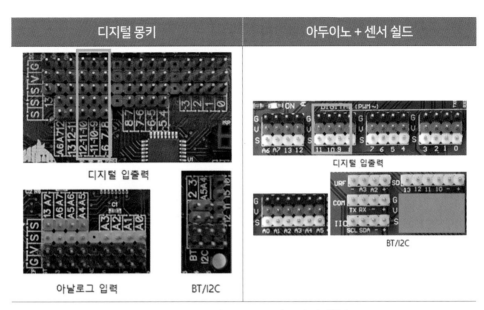

PWM 제어가 가능한 9, 10, 11번 핀에 연결한다.

RGB LED는 다양한 색을 표현하기 때문에 반드시 PWM 출력 핀에 연결한다.
3핀 모두 PWM인 핀은 9, 10, 11번 밖에 없다.

코딩

[그림 2-4-1] RGB LED 제어

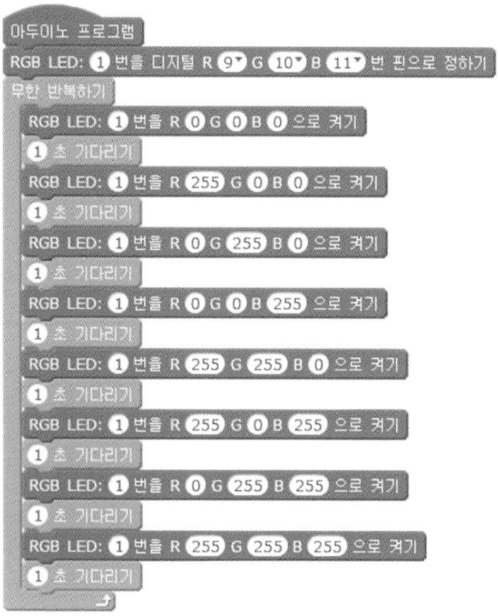

[그림 2-4-2] 확장 블럭을 이용한 RGB LED 제어

결과

키보드 제어를 통해 RGB값을 증가시키고 감소시킨다. RGB값이 조합되면서 다양한 색이 나온다.

확장 블럭을 이용할 경우 RGB핀 번호를 9, 10, 11번으로 정하고, 각 RGB값을 입력해 다양한 색을 조합한다.

```
#include <Arduino.h>
#include <Wire.h>
#include <SoftwareSerial.h>
#include "RGBled.h"

double angle_rad = PI/180.0;
double angle_deg = 180.0/PI;
RGBled RGBled_1(9,10,11);

void setup(){
}

void loop(){
  RGBled_1.setRGB(0,0,0);
  _delay(1);
  RGBled_1.setRGB(255,0,0);
  _delay(1);
  RGBled_1.setRGB(0,255,0);
  _delay(1);
  RGBled_1.setRGB(0,0,255);
  _delay(1);
  RGBled_1.setRGB(255,255,0);
  _delay(1);
  RGBled_1.setRGB(255,0,255);
  _delay(1);
  RGBled_1.setRGB(0,255,255);
  _delay(1);
  RGBled_1.setRGB(255,255,255);
  _delay(1);
  _loop();
}

void _delay(float seconds){
  long endTime = millis() + seconds * 1000;
  while(millis() < endTime)_loop();
}

void _loop(){
}
```

5. 조도 센서 사용하기

기본 정보

입/출력	센서명	연결 포트	사용되는 값	핀수
입력	조도	아날로그	0~1023	3핀
	빛의 강도를 입력받아 사용할 때			

준비물

보드	입/출력 모듈	케이블
디지털 몽키 아두이노 우노 센서 쉴드	조도 센서 모듈	3핀 케이블 USB 케이블

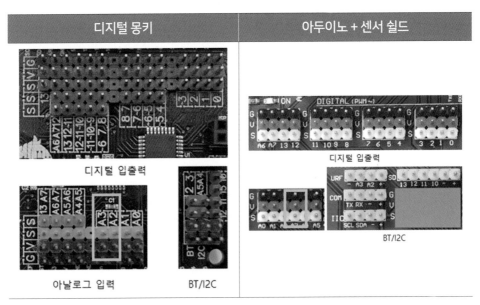

디지털 몽키	아두이노 + 센서 쉴드

디지털 입출력

아날로그 입력 　 BT/I2C

디지털 입출력

BT/I2C

아날로그 3번 핀에 마이너스, 플러스, 시그널 구분하여 연결

아날로그 센서이므로 색에 맞춰 A3번 핀에 연결한다. 디지털 몽키 보드는 디지털 포트와 아날로그 포트를 구분하기 위해 아날로그는 초록색으로 설정되어 있다. 아두이노 센서 쉴드도 마이너스, 플러스에 맞춰 A3에 연결한다.

코딩

[그림 2-5-1] 조도 센서 제어

[그림 2-5-2] 빛 센서값에 따른 출력

조도 센서값에 따라 팬더 캐릭터가 Very light, some light, dark를 말하게
된다.

6. 온도 센서 사용하기

기본 정보

입/출력	센서명	연결 포트	사용되는 값	핀수
입력	온도	아날로그	0~1023	3핀
	온도값을 입력받아 조건에 따라 처리할 때			

준비물

보드	입/출력 모듈	케이블
디지털 몽키 아두이노 우노 센서 쉴드	버튼 모듈	3핀 케이블 USB 케이블

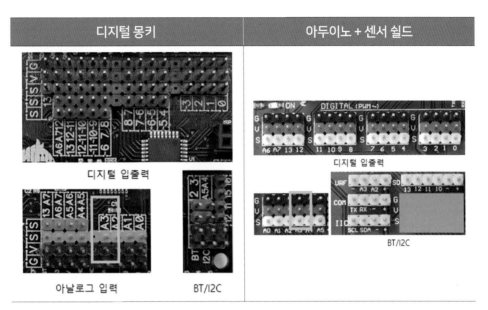

디지털 몽키	아두이노 + 센서 쉴드

디지털 입출력

아날로그 입력

BT/I2C

디지털 입출력

BT/I2C

아날로그 3번 핀에 마이너스, 플러스, 시그널 구분하여 연결

온도 센서는 아날로그 센서로 아날로그 포트에 연결합니다.

[그림 2-6-1] 온도 센서 제어

온도 센서는 0~1023 사이의 값이 입력됩니다. 따라서 실제 온도값을 표시하기 위해서는 값을 보정해 줘야 합니다.

- 기본 공식: (4.3*reading*100.0)/1024.0)
- 자체 공식: (아날로그 입력값/10)*0.96

결과

설정한 조건에 따라 팬더가 상태를 말하게 된다.

[그림 2-6-2] 실행

7. 온습도 센서 사용하기

기본 정보

입/출력	센서명	연결 포트	사용되는 값	핀수
입력	온/습도	I2C(A5, A4)	숫자	4핀
	온도와 습도 값을 동시에 입력받아 처리할 때			

준비물

보드	입/출력 모듈	케이블
디지털 몽키 아두이노 우노 센서 쉴드	온습도 센서 모듈 LCD모듈	3핀 케이블 USB 케이블

디지털 몽키	아두이노 + 센서 쉴드
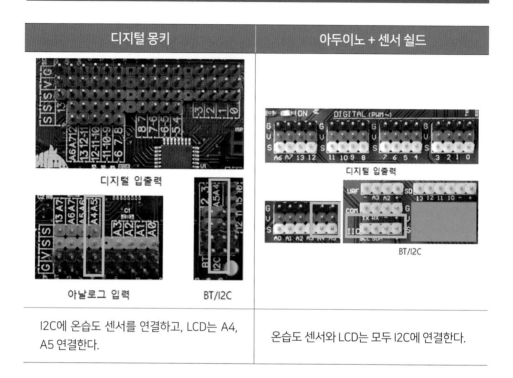	
I2C에 온습도 센서를 연결하고, LCD는 A4, A5 연결한다.	온습도 센서와 LCD는 모두 I2C에 연결한다.

온습도 센서는 I2C 포트를 사용하는 센서로 SCL, SDA를 사용한다. LCD도 I2C 포트를 사용하는데 LCD 모듈은 SDA, SCL 순으로 배열되어 있어 A4, A5에 연결한다.

코딩

[그림 2-7-1] 온습도를 LCD에 표시하기

I2C 포트에 연결하는 장치들은 깃발을 클릭했을 때 실행할 수 없고, 아두이노에 업로드해서 사용해야 한다. 확장 블록의 LCD 주소 설정 블록을 (Ox27, Ox3f)으로 정해 주고, LCD 출력창에 원하는 값을 넣어준다.

결과

[그림 2-7-2] 온습도 출력 결과

텍스트 코딩

```
#include <Arduino.h>
#include <Wire.h>
#include <SoftwareSerial.h>

#include "Adafruit_Si7021.h"
#include "LiquidCrystal_I2C.h"

double angle_rad = PI/180.0;
double angle_deg = 180.0/PI;
double temp;
double humi;
LiquidCrystal_I2C lcd_1(0x3f,16,2);
Adafruit_Si7021 tempNhum = Adafruit_Si7021();
```

```
void setup(){
    lcd_1.begin();
    lcd_1.backlight();
    tempNhum.begin();
    lcd_1.clear();
}

void loop(){
    temp = tempNhum.readTemperature();
    humi = tempNhum.readHumidity();
    lcd_1.setCursor(0-1,1-1);
    lcd_1.print(String("temp:")+temp);
    lcd_1.setCursor(0-1,2-1);
    lcd_1.print(String("humi:")+humi);
    _loop();
}

void _delay(float seconds){
    long endTime = millis() + seconds * 1000;
    while(millis() < endTime)_loop();
}

void _loop(){
}
```

8. 가변저항 사용하기

기본 정보

입/출력	센서명	연결 포트	사용되는 값	핀수
입력	가변저항	아날로그	0~1023	3핀
	다양한 값에 따라			

준비물

보드	입/출력 모듈	케이블
디지털 몽키 아두이노 우노 센서 쉴드	버튼 모듈	3핀 케이블 USB 케이블

하드웨어 세팅

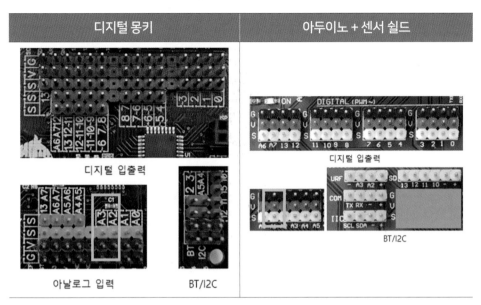

디지털 몽키	아두이노 + 센서 쉴드
디지털 입출력	디지털 입출력
아날로그 입력　　BT/I2C	BT/I2C

아날로그 2번 핀에 마이너스, 플러스, 시그널 구분하여 연결

코딩

클릭했을 때
무한 반복하기
　Variable resistor ▼ 을(를) 아날로그(A) 2 핀 읽기 로 정하기
　　Variable resistor 말하기
　크기를 Variable resistor / 5 % 로 정하기

[그림 2-8-1] 가변저항으로 캐릭터 크기 제어하기

[그림 2-8-2] 캐릭터 크기 변화

9. 조이스틱 사용하기

기본 정보

입/출력	센서명	연결 포트	사용되는 값	핀수
입력	조이스틱	아날로그	0~1023	5핀
입력	버튼	디지털	0,1	

준비물

보드	입/출력 모듈	케이블
디지털 몽키 아두이노 우노 센서 쉴드	버튼 모듈	3핀 케이블 USB 케이블

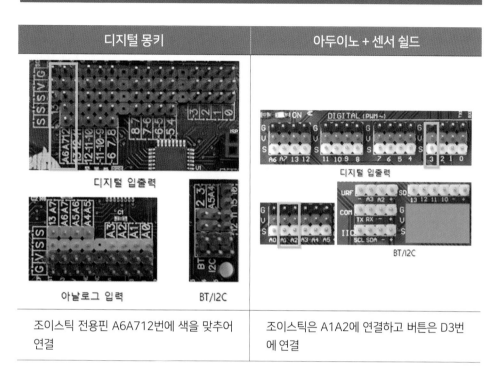

디지털 몽키	아두이노 + 센서 쉴드
조이스틱 전용핀 A6A712번에 색을 맞추어 연결	조이스틱은 A1A2에 연결하고 버튼은 D3번에 연결

조이스틱은 X, Y좌표값을 입력받는 아날로그 센서와 버튼값을 입력받는 디지털 센서가 조합되어 있다. 따라서 아날로그 입력 2개와 디지털 입력 1개를 사용한다. 디지털 몽키 보드는 조이스틱 전용 연결 포트인 A6, A7, 12번에 연결하고, 아두이노는 아날로그 A1, A2, D3번 포트를 사용한다.

[그림 2-9-1] 조이스틱 전용 연결핀

[그림 2-9-2] 조이스틱 제어하기

버튼 변수는 디지털 12번 핀을 입력받는다. 아날로그 입력 X, Y는 0~1023 사이의 값이 입력되는데 조이스틱은 초깃값이 0~1023의 중앙값을 갖는다. 하드웨어 특성에 따라 모든 조이스틱의 중앙값이 다르므로 아날로그 입력된 자신의 중앙값을 이용해 크면 오른쪽, 작으면 왼쪽으로 움직이도록 설정한다.

결과

조이스틱을 움직이면 팬더 캐릭터를 상하좌우로 조종할 수 있다. 버튼을 누르면 팬더의 모양이 바뀐다.

10. 초음파 센서 사용하기

기본 정보

입/출력	센서명	연결 포트	사용되는 값	핀수
입력	초음파	디지털	숫자	4핀

준비물

보드	입/출력 모듈	케이블
디지털 몽키 아두이노 우노 센서 쉴드	초음파 모듈	4핀 케이블 USB 케이블

하드웨어 세팅

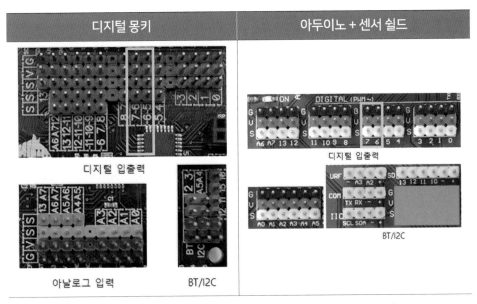

디지털 몽키	아두이노 + 센서 쉴드
디지털 입출력	디지털 입출력
아날로그 입력 · BT/I2C	BT/I2C

디지털 6, 7핀에 마이너스, 플러스, 시그널 구분하여 연결

초음파 센서는 초음파를 발사하는 Trig와 초음파를 수신하는 Echo로 이루어져 있다. 초음파가 물체에 맞고 반사되는 시간을 이용해 거리를 계산하여 거릿값을 돌려준다. 트리거는 6번, 에코는 7번핀에 연결한다. 초음파 센서는 아날로그값을 이용하지만 아날로그값을 IC칩을 이용해 디지털값으로 변환하기 때문에 디지털 입력 포트에 연결한다.

코딩

클릭했을 때
무한 반복하기
Usonic ▼ 을(를) 초음파센서(Trig 6 핀, Echo 7 핀) 읽기 로 정하기
Usonic 말하기
크기를 Usonic * 10 % 로 정하기

[그림 2-10-1] 초음파 센서 제어하기

초음파 센서 전용 블럭은 거릿값을 입력하기 때문에 거리를 이용한 프로젝트에 알맞다. 팬더 캐릭터가 초음파 센서값을 말하고, 거리가 가까우면 작아지고, 거리가 멀어지면 커지게 된다.

결과

[그림 2-10-2] 초음파값에 따라 캐릭터 크기가 변한다.

11. 부저 사용하기

기본 정보

입/출력	센서명	연결 포트	사용되는 값	핀수
출력	부저	디지털	0, 1 or PWM(0~255)	3핀

준비물

보드	입/출력 모듈	케이블
디지털 몽키 아두이노 우노 센서 쉴드	부저 모듈	3핀 케이블 USB 케이블

하드웨어 세팅

디지털 몽키	아두이노 + 센서 쉴드

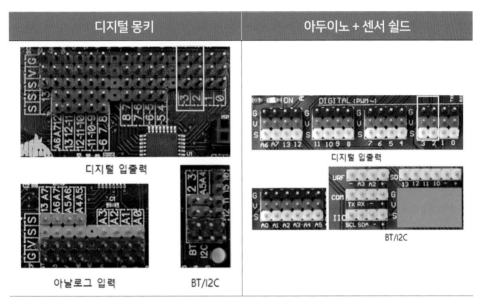

디지털 3핀에 마이너스, 플러스, 시그널 구분하여 연결

부저는 소리를 출력하는 장치로 능동 부저와 수동 부저가 있다. 능동 부저는 다양한 음계의 소리 구분이 어렵고, 수동 부저는 다양한 음계의 소리 구분이 잘 된다.

[그림 2-11-1] 부저 제어하기

키보드값에 다양한 소리 블럭을 메칭시키고 연주하는 예제
스페이스를 눌렀을 때 경고음이 나는 예제

결과

단순한 소리를 출력하거나 동요를 연주할 수 있다. 블록을 많이 사용해야 하
는 단점이 있다.

12. 마이크 사용하기

기본 정보

입/출력	센서명	연결 포트	사용되는 값	핀수
입력	마이크	아날로그	0~1023	3핀

준비물

보드	입/출력 모듈	케이블
디지털 몽키 아두이노 우노 센서 쉴드	마이크 모듈	3핀 케이블 USB 케이블

디지털 몽키	아두이노 + 센서 쉴드

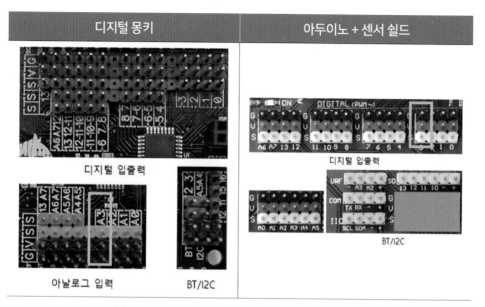

디지털 입출력

아날로그 입력   BT/I2C

디지털 입출력

BT/I2C

아날로그 3번 핀에 마이너스, 플러스, 시그널 구분하여 연결

코딩

[그림 2-12-1] 마이크 입력값에 따른 그래프 출력

사운드 센서는 초깃값에서 소리가 입력되면 값이 증가하거나 감소하게 된다. 박수 소리를 인식하게 하거나 소음 측정 등 소리와 관련된 프로젝트에 사용한다.

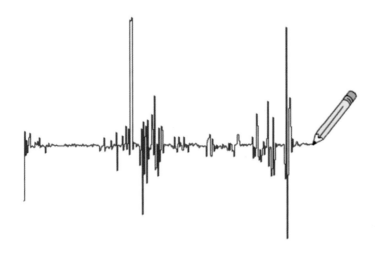

[그림 2-12-2] 그래프 출력값

13. DC 모터 사용하기

기본 정보

입/출력	센서명	연결 포트	사용되는 값	핀수
출력	DC 모터	디지털	0, 1 or PWM(0~255)	4핀

준비물

보드	입/출력 모듈	케이블
디지털 몽키 아두이노 우노 센서 쉴드	버튼 모듈	3핀 케이블 USB 케이블

하드웨어 세팅

디지털 몽키	아두이노 + 센서 쉴드

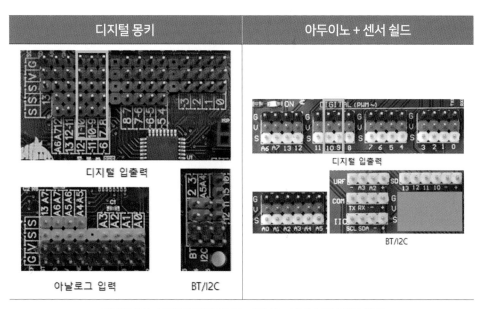

디지털 9번, 10번 핀에 마이너스, 플러스, 시그널 구분하여 연결

　　DC 모터는 역방향 회전과 정방향 회전, 회전 속도를 2개의 출력 핀을 이용하여 제어 가능하다. 두 개의 핀 중 1개의 핀을 High 출력 설정하면 나머지 핀은 Low 출력으로 설정해야 한다. 9번 핀은 속도 제어와 함께 정방향 회전을 하게 되며, 10번 출력은 0으로 세팅해야 한다. 반대 방향으로 돌리기 위해서는 9번은 0, 10번은 출력값을 세팅해 준다.

코딩

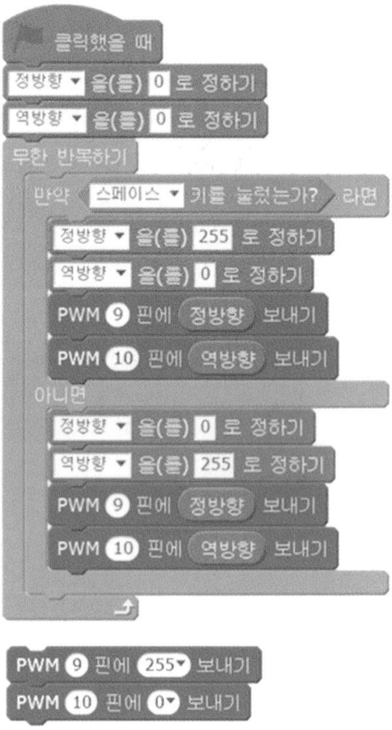

[그림 2-13-1] DC 모터 제어

결과

스페이스 바를 누르면 정방향 회전으로 바람이 나오고, 떼면 역방향 회전으로 뒤쪽으로 바람이 나오게 된다.

14. DC 기어드 모터 사용하기

기본 정보

입/출력	센서명	연결 포트	사용되는 값	핀수
출력	DC모터	디지털	0, 1 or PWM(0~255)	4핀

준비물

보드	입/출력 모듈	케이블
디지털 몽키 아두이노 우노 센서 쉴드	기어드 DC 모터 모듈	3핀 케이블 USB 케이블

하드웨어 세팅

디지털 몽키	아두이노 + 센서 쉴드

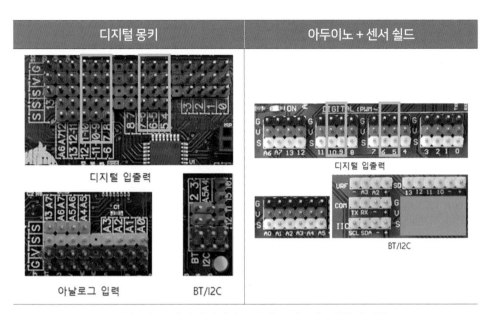

디지털 9번, 10번 핀에 마이너스, 플러스, 시그널 구분하여 연결

  두 개의 기어드 모터를 연결하면 같은 방향으로 회전한다. 바퀴는 양쪽에 위치하기 때문에 같은 방향으로 돌리면 제자리 회전을 하게 되므로 서로 반대 방향으로 회전하게 만들어야 한다.

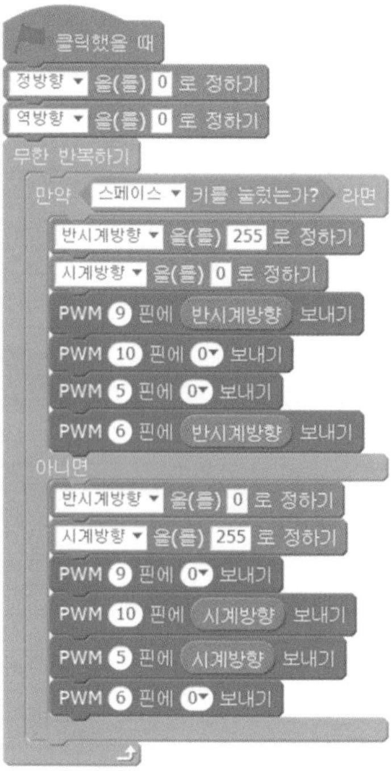

[그림 2-14-1] 기어드 모터 제어

한 쌍의 바퀴는 한쪽은 정방향, 다른 한쪽은 역방향 회전을 해야 두 바퀴가 같은 방향으로 회전을 하게 된다. 따라서 9, 10번핀 연결 모터는 반시계방향, 5, 6번 연결 모터는 시계방향으로 회전시키면 같은 방향으로 회전하게 된다.

결과

스페이스 키를 누르면 양쪽 바퀴가 앞으로 가고 떼면 뒤로 가게 된다.

15. 서보 모터 사용하기

기본 정보

입/출력	센서명	연결 포트	사용되는 값	핀수
출력	서보 보터	디지털	PWM(0~255)	3핀

준비물

보드	입/출력 모듈	케이블
디지털 몽키 아두이노 우노 센서 쉴드	버튼 모듈	3핀 케이블 USB 케이블

하드웨어 세팅

디지털 몽키	아두이노 + 센서 쉴드
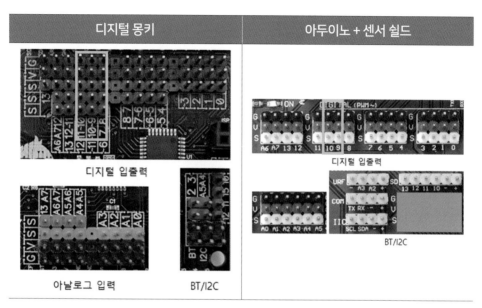	

디지털 입출력   아날로그 입력   BT/I2C   디지털 입출력   BT/I2C

디지털 9핀에 마이너스, 플러스, 시그널 구분하여 연결

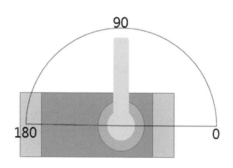

[그림 2-15-1] 서보 모터의 각도 값

서보 모터는 정면에서 봤을 때 오른쪽이 0도, 가운데가 90도, 왼쪽이 180도로 설정되어 있습니다. 서보 모터값을 0으로 설정할 경우 떨림이 발생하므로 출력 값을 0으로 만들지 않는 게 좋습니다.

코딩

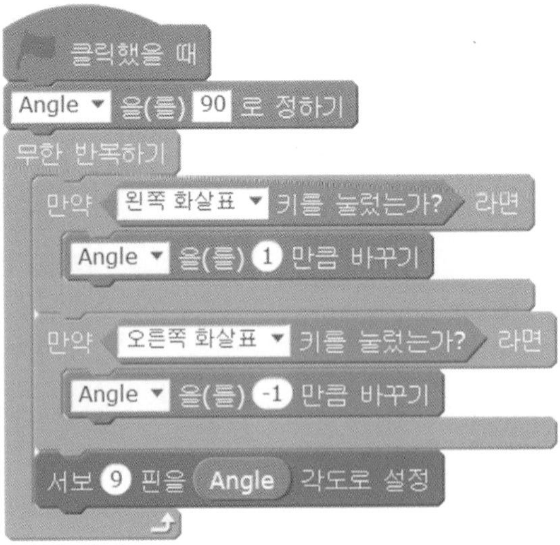

[그림 2-15-2] 서보 모터 제어하기

결과

　왼쪽, 오른쪽 화살표를 누를 때마다 서보 모터의 각도를 증가시키거나 감소시킬 수 있습니다.

16. 기울기 센서 사용하기

기본 정보

입/출력	센서명	연결 포트	사용되는 값	핀수
입력	기울기	디지털	0, 1	3핀

준비물

보드	입/출력 모듈	케이블
디지털 몽키 아두이노 우노 센서 쉴드	기울기 센서 모듈	3핀 케이블 USB 케이블

하드웨어 세팅

디지털 몽키	아두이노 + 센서 쉴드
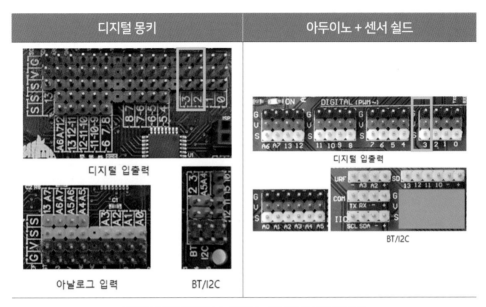	

디지털 3핀에 마이너스, 플러스, 시그널 구분하여 연결

코딩

[그림 2-16-1] 기울기 센서

[그림 2-16-2] 기울이지 않았을 때

[그림 2-16-3] 기울였을 때

기울어지면 팬더 캐릭터가 넘어진다.

17. 레이저 사용하기

기본 정보

입/출력	센서명	연결 포트	사용되는 값	핀수
출력	기울기	디지털	0, 1	3핀

준비물

보드	입/출력 모듈	케이블
디지털 몽키 아두이노 우노 센서 쉴드	레이저 모듈	3핀 케이블 USB 케이블

하드웨어 세팅

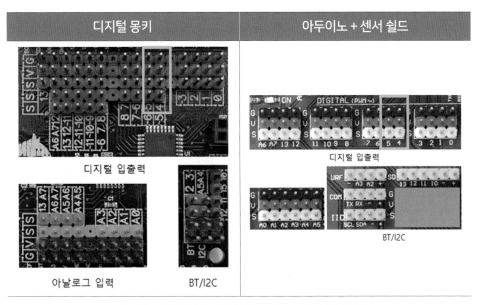

디지털 몽키	아두이노 + 센서 쉴드

디지털 입출력

아날로그 입력   BT/I2C

디지털 입출력

BT/I2C

디지털 3핀에 마이너스, 플러스, 시그널 구분하여 연결

코딩

```
클릭했을 때
무한 반복하기
  만약  스페이스 ▼  키를 눌렀는가?  라면
    디지털 3 핀에 켜짐▼ 보내기
  아니면
    디지털 3 핀에 꺼짐▼ 보내기
```

[그림 2-17-1] 기울이지 않았을 때

스페이스 바를 누르면 레이저 발사. 레이저 빛이 강하기 때문에 사용에 주의해야 한다.

18. 터치 센서 사용하기

기본 정보

입/출력	센서명	연결 포트	사용되는 값	핀수
입력	터치	디지털	0, 1	3핀

준비물

보드	입/출력 모듈	케이블
디지털 몽키 아두이노 우노 센서 쉴드	터치 센서 모듈	3핀 케이블 USB 케이블

하드웨어 세팅

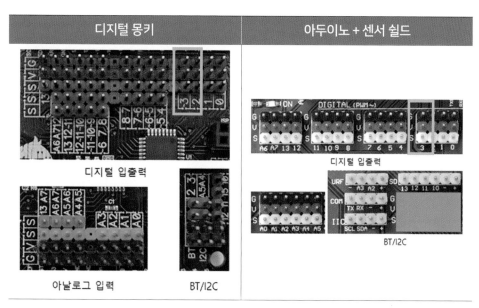

디지털 몽키	아두이노 + 센서 쉴드
디지털 입출력	디지털 입출력
아날로그 입력 BT/I2C	BT/I2C

디지털 3핀에 마이너스, 플러스, 시그널 구분하여 연결

코딩

[그림 2-18-1] 터치 센서 제어

결과

센서를 터치하게 되면 캐릭터가 숨어 있다 나타나면서 안녕이라고 말한다.

19. 동작 감지 센서 사용하기

기본 정보

입/출력	센서명	연결 포트	사용되는 값	핀수
입력	동작감지	디지털	0, 1	3핀

준비물

보드	입/출력 모듈	케이블
디지털 몽키 아두이노 우노 센서 쉴드	동작 감지 모듈	3핀 케이블 USB 케이블

하드웨어 세팅

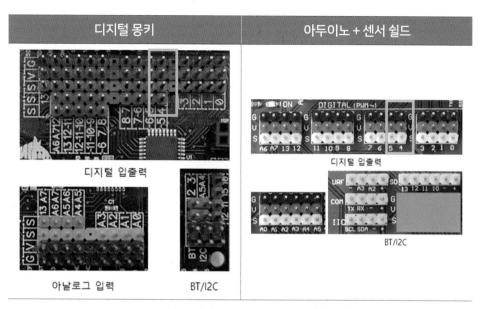

디지털 몽키	아두이노 + 센서 쉴드

디지털 입출력 / 아날로그 입력 / BT/I2C

디지털 입출력 / BT/I2C

디지털 3핀에 마이너스, 플러스, 시그널 구분하여 연결

코딩

[그림 2-19-1] 동작 감지 센서 제어

[그림 2-19-2] 잔디가 움직인다.

동작이 감지되면 잔디가 움직인다.

20. 화염 감지 센서 사용하기

기본 정보

입/출력	센서명	연결 포트	사용되는 값	핀수
입력	화염감지	디지털	0, 1	4핀

준비물

보드	입/출력 모듈	케이블
디지털 몽키 아두이노 우노 센서 쉴드	화염 감지 모듈	4핀 케이블 USB 케이블

하드웨어 세팅

디지털 몽키	아두이노 + 센서 쉴드

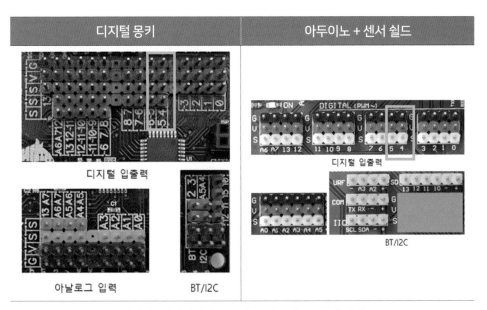

디지털 입출력   디지털 입출력

아날로그 입력   BT/I2C   BT/I2C

디지털 3핀에 마이너스, 플러스, 시그널 구분하여 연결

코딩

```
클릭했을 때
x: 271 y: 97 로 이동하기
무한 반복하기
    화염 ▼ 을(를) 디지털 4 핀 읽기 로 정하기
    만약 화염 = 1 라면
        10 번 반복하기
            모양을 bat2-b ▼ (으)로 바꾸기
            0.2 초 기다리기
            모양을 bat2-a ▼ (으)로 바꾸기
            0.2 초 기다리기
            x좌표를 -15 만큼 바꾸기
            y좌표를 -5 만큼 바꾸기
        message1 ▼ 방송하기
```

[그림 2-20-1] 화염 센서 제어

[그림 2-20-2] 박쥐 코딩

[그림 2-20-3] 별님 코딩

결과

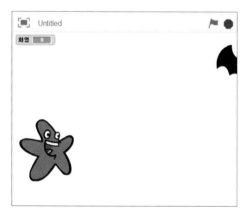

[그림 2-20-4] 화염이 없을 때

[그림 2-20-3] 화염이 감지됐을 때

동작이 감지되면 잔디가 움직인다.

21. 자기 감지 센서 사용하기

기본 정보

입/출력	센서명	연결 포트	사용되는 값	핀수
입력	자기 감지	디지털	0, 1	3핀

준비물

보드	입/출력 모듈	케이블
디지털 몽키 아두이노 우노 센서 쉴드	자기 감지 모듈	3핀 케이블 USB 케이블

하드웨어 세팅

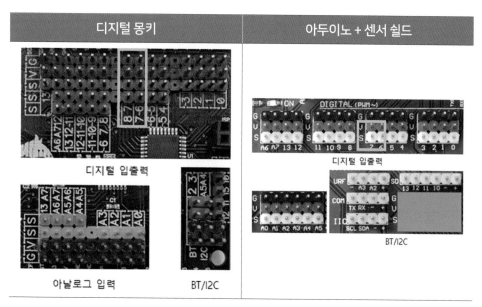

디지털 몽키	아두이노 + 센서 쉴드
디지털 입출력	디지털 입출력
아날로그 입력 BT/I2C	BT/I2C

디지털 3핀에 마이너스, 플러스, 시그널 구분하여 연결

자석을 감지하는 센서로 자기장이 감지되면 1, High, 자기장이 감지되지 않으면 0, Low를 출력한다.

코딩

[그림 2-21-1] 자기 감지 센서 제어

결과

⚙ 22. 라인 트레이싱 센서 사용하기

기본 정보

입/출력	센서명	연결 포트	사용되는 값	핀수
입력	라인트레이싱	아날로그	0~1023	4핀

준비물

보드	입/출력 모듈	케이블
디지털 몽키 아두이노 우노 센서 쉴드	라인 트레이싱 모듈 센서	4핀 케이블 USB 케이블

하드웨어 세팅

디지털 몽키	아두이노 + 센서 쉴드
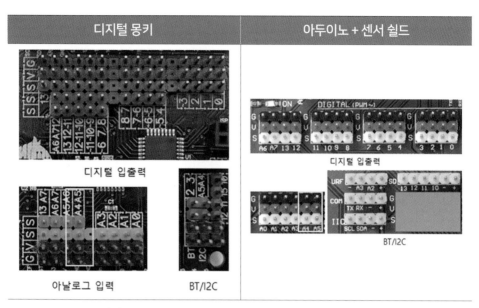	

아날로그 4, 5번 핀에 마이너스, 플러스, 시그널 구분하여 연결

적외선으로 검정 라인을 감지하는 아날로그 센서 2개를 이용해 라인을 따라
가도록 할 때 사용하는 센서이다. 원리는 2개의 센서 사이에 검정 라인을 위치
시키고 왼쪽, 오른쪽 센서가 검정 라인을 인식하면 센서값이 변하게 된다. 센
서값이 변하게 되면 경로를 이탈한 것으로 간주하여 왼쪽, 오른쪽 바퀴를 회전
시켜 경로를 이탈하지 않고 선을 따라가게 만든다.

코딩

[그림 2-22-1] 라인 트레이싱 센서 제어

하얀 바닥에 검정 라인이 있을 경우 라인을 감지하지 않았을 때 라인 트레이싱 센서 입력 4, 5번 핀 값은 0에 가깝다. 검정 라인을 감지하게 되면 400~500 사이의 값으로 센싱값이 변하게 된다. 센서값을 이용해 왼쪽 바퀴나 오른쪽 바퀴를 회전시켜 선을 따라가게 만든다.

결과

DC 모터 두 개를 라인 트레이싱 센서를 이용해 라인을 따라가게 만든다.

23. 적외선 속도 센서 사용하기

기본 정보

입/출력	센서명	연결 포트	사용되는 값	핀수
입력	적외선 속도	디지털/아날로그	0, 1	4핀

준비물

보드	입/출력 모듈	케이블
디지털 몽키 아두이노 우노 센서 쉴드	속도 센서 모듈	4핀 케이블 USB 케이블

하드웨어 세팅

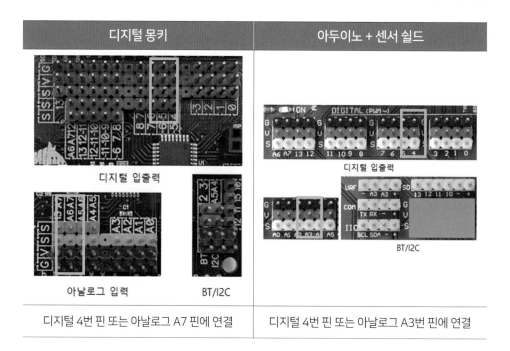

디지털 몽키	아두이노 + 센서 쉴드
디지털 입출력 / 아날로그 입력 / BT/I2C	디지털 입출력 / BT/I2C
디지털 4번 핀 또는 아날로그 A7 핀에 연결	디지털 4번 핀 또는 아날로그 A3번 핀에 연결

[그림 2-23-1] 휠

적외선 속도 센서 사이에 위 그림과 같은 로터리 휠을 회전시키면 적외선이 통과하는 부분은 감지하여 1을 출력하고, 통과하지 못하는 부분은 0을 출력한다. 감지된 값이 1일 때만 카운트하면 몇 바퀴 돌았는지 또는 속도를 계산해 낼 수 있게 된다.

코딩

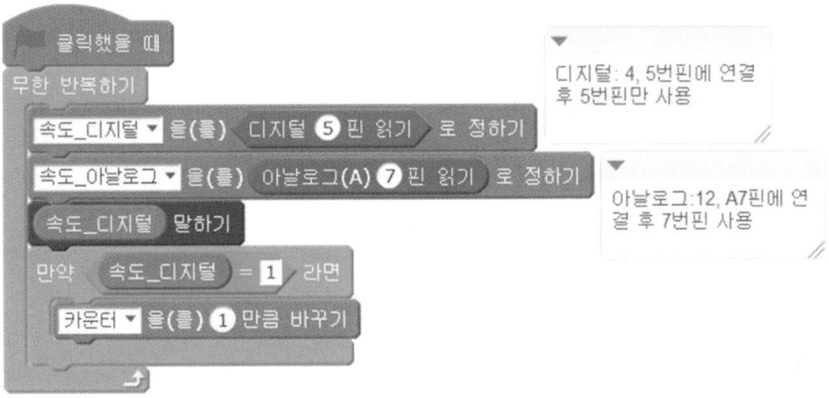
클릭했을 때
무한 반복하기
속도_디지털 을(를) 디지털 5 핀 읽기 로 정하기
속도_아날로그 을(를) 아날로그(A) 7 핀 읽기 로 정하기
속도_디지털 말하기
만약 속도_디지털 = 1 라면
카운터 을(를) 1 만큼 바꾸기
디지털: 4, 5번핀에 연결 후 5번핀만 사용
아날로그:12, A7핀에 연결 후 7번핀 사용

[그림 2-23-2] 속도 감지 센서 제어

결과

로터리 휠은 총 20개의 구멍이 있으므로 카운트값이 20이면 1회전 했음을 알 수 있다. 만약 카운트값이 400이라면 20회전 한 것이다.

24. 적외선 거리 센서 사용하기

기본 정보

입/출력	센서명	연결 포트	사용되는 값	핀수
입력	거리	아날로그	0~1023	4핀
	물체 감지	디지털	0, 1	

준비물

보드	입/출력 모듈	케이블
디지털 몽키 아두이노 우노 센서 쉴드	적외선 거리 센서 모듈 장애물 회피	3핀 케이블 USB 케이블

하드웨어 세팅

디지털 몽키	아두이노 + 센서 쉴드

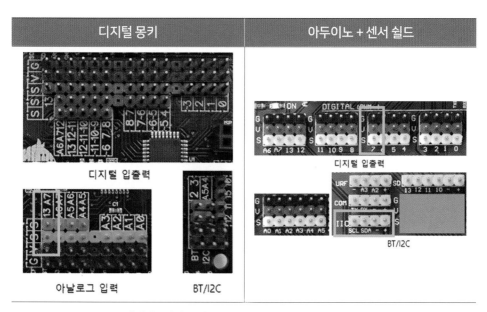

디지털 입력

아날로그 입력   BT/I2C

디지털 입출력

BT/I2C

디지털 3핀에 마이너스, 플러스, 시그널 구분하여 연결

센서 모듈은 디지털/아날로그 모두를 사용할 수 있도록 되어 있다. 핀 배열은 GND , VCC, 디지털, 아날로그 순으로 되어 있다. 디지털 센서로 사용할 경우 몽키보드는 아날로그 측의 13, A7에 연결하고, 센서 쉴드의 경우는 디지털은 3핀에, 아날로그는 4핀에 연결한다.

코딩

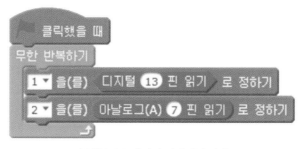

[그림 2-24-1] 거리 감지 센서 제어

디지털 13으로 입력되는 값은 0, 1이다. 기준값 이내로 감지되면 1을 입력하고 감지되지 않으면 0을 입력한다. 아날로그 A7로 입력되는 값은 0~1023 사이의 값이다. 물체가 가까이 올수록 값이 감소한다.

[그림 2-24-2] 여성 캐릭터 거리 말하기

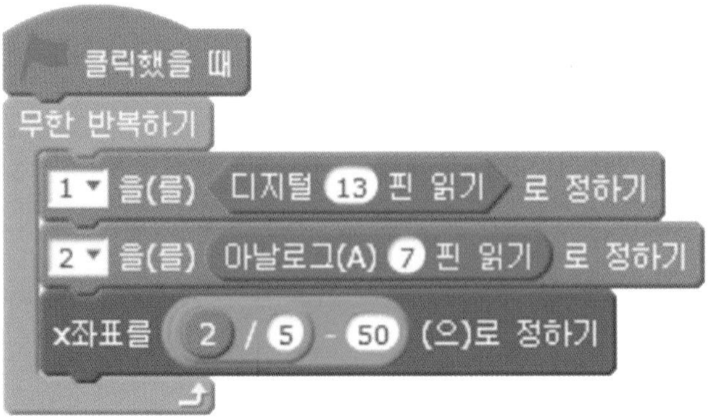

[그림 2-24-3] 남성 캐릭터 다가가기

결과

거리를 측정하여 남자가 여자에게 다가가게 만들고 남녀 사이의 거리를 말하게 한다.

피지컬 컴퓨팅&코딩 교육을 위한 아두이노보다 더 쉬운 아두이노

[그림 2-24-4] 거리 센서 결과

[그림 2-24-5] 거리 센서 결과

25. LCD 사용하기

기본 정보

입/출력	센서명	연결 포트	사용되는 값	핀수
출력	LCD	I2C(A5, A4)	숫자, 문자	4핀

준비물

보드	입/출력 모듈	케이블
디지털 몽키 아두이노 우노 센서 쉴드	LCD 모듈	3핀 케이블 USB 케이블

하드웨어 세팅

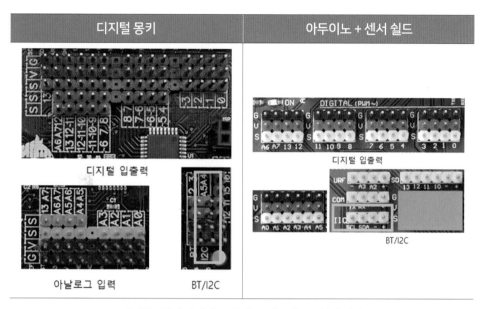

디지털 몽키	아두이노 + 센서 쉴드
디지털 입출력	디지털 입출력
아날로그 입력 BT/I2C	BT/I2C

디지털 3핀에 마이너스, 플러스, 시그널 구분하여 연결

LCD는 I2C포트에 연결한다. I2C는 Inter Integrated Circuit의 축약어로 SCL(Serial Clock)과 SDA(Serial Data)로 불리는 2개의 버스를 사용한다. 주로 저속의 주변기기를 연결하기 위해 사용되는 프로토콜이다. 아두이노에서는 A4번 핀이 SDA, A5번 핀이 SCL이다. LCD에 SDA, SCL 순서일 경우 A4, A5번 핀에 연결하고, SCL, SDA 순서일 경우는 A5, A4 순서로 연결한다.

코딩

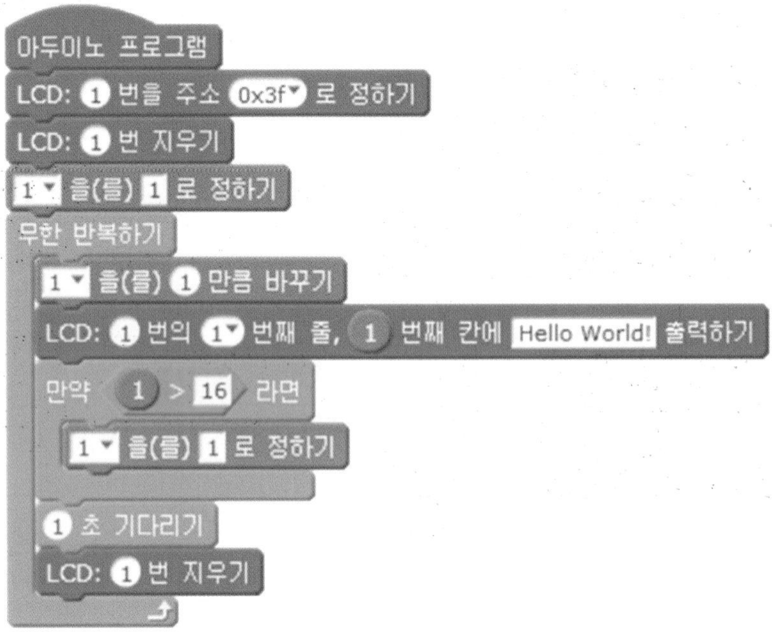

[그림 2-25-1] LCD 제어

결과

Hello World!를 오른쪽으로 흐르게 만들고, 모두 사라지면 다시 처음부터 흐르게 만든다.

```
#include <Arduino.h>
#include <Wire.h>
#include <SoftwareSerial.h>

#include "LiquidCrystal_I2C.h"

double angle_rad = PI/180.0;
double angle_deg = 180.0/PI;
double __var__49;
LiquidCrystal_I2C lcd_1(0x3f,16,2);

void setup(){
  lcd_1.begin();
  lcd_1.backlight();
  lcd_1.clear();
  __var__49 = 1;

}
void loop(){
  __var__49 += 1;
  lcd_1.setCursor(1-1,1-1);
  lcd_1.print("Hello World!");
  if((__var__49) > (16)){
    __var__49 = 1;
  }
  _delay(1);
  lcd_1.clear();
  _loop();

}
void _delay(float seconds){
  long endTime = millis() + seconds * 1000;
  while(millis() < endTime)_loop();
}

void _loop(){
}
```

26. 자이로스코프 사용하기

기본 정보

입/출력	센서명	연결 포트	사용되는 값	핀수
입력	자이로	I2C(A5, A4)	숫자	4핀

준비물

보드	입/출력 모듈	케이블
디지털 몽키 아두이노 우노 센서 쉴드	자이로스코프	3핀 케이블 USB 케이블

디지털 몽키	아두이노 + 센서 쉴드

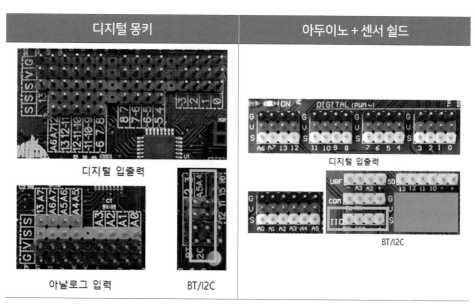

디지털 입출력   아날로그 입력   BT/I2C

I2C핀에 마이너스, 플러스, 시그널 구분하여 연결

나침반 센서는 가속도계와 자력계를 가지고 있다. 가속도계는 센서의 위치 이동을 감지한다. X좌표, Y좌표의 기울기를 정밀하게 측정하고, Z축은 뒤집힘을 알 수 있다. 자력계는 센서의 회전을 감지한다. 방위각을 알아낼 수 있다.

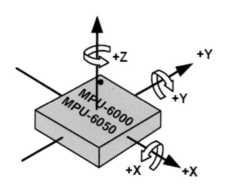

[그림 2-26-1] 자이로스코프 원리

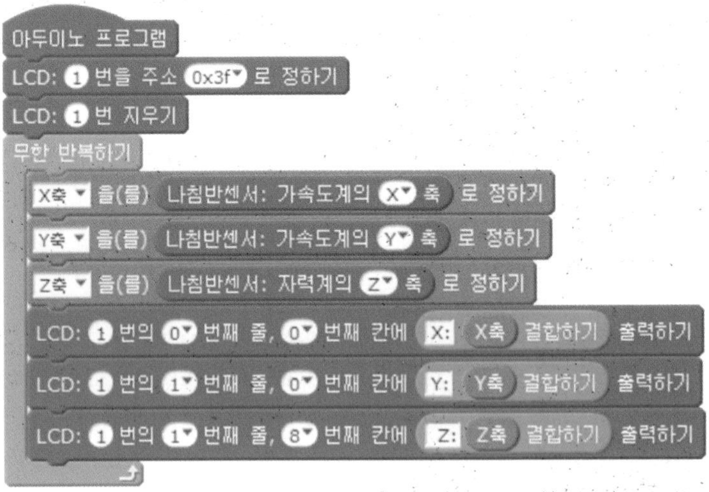

[그림 2-26-2] 자이로스코프 제어

결과

자이로스코프 입력값을 이용해 서보 모터 출력값을 제어하면 사람의 동작을
인식하여 그래도 따라 하는 로봇팔을 만들 수 있다.

텍스트 코딩

```
#include <Arduino.h>
#include <Wire.h>
#include <SoftwareSerial.h>
#include "compassSen.h"
#include "LiquidCrystal_I2C.h"
double angle_rad = PI/180.0;
double angle_deg = 180.0/PI;
double __var__88_52629;
```

```
double __var__89_52629;
double __var__90_52629;
LiquidCrystal_I2C lcd_1(0x27,16,2);
compassSen compass;

void setup(){
  lcd_1.begin();
  lcd_1.backlight();
  lcd_1.clear();
}

void loop(){
  __var__88_52629 = compass.readAccel(0);
  __var__89_52629 = compass.readMag(1);
  __var__90_52629 = compass.readMag(2);
  lcd_1.setCursor(0-1,0-1);
  lcd_1.print(String("X:")+__var__88_52629);
  lcd_1.setCursor(0-1,1-1);
  lcd_1.print(String("Y:")+__var__89_52629);
  lcd_1.setCursor(8-1,1-1);
  lcd_1.print(String(" Z:")+__var__90_52629);
  _loop();
}

void _delay(float seconds){
  long endTime = millis() + seconds * 1000;
  while(millis() < endTime)_loop();
}

void _loop(){
}
```

27. FND 사용하기

기본 정보

입/출력	센서명	연결 포트	사용되는 값	핀수
출력	FND	디지털	숫자	4핀

준비물

보드	입/출력 모듈	케이블
디지털 몽키 아두이노 우노 센서 쉴드	FND 모듈	3핀 케이블 USB 케이블

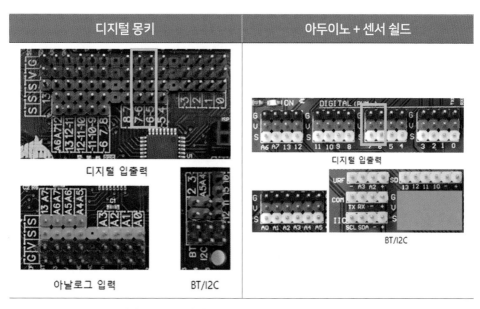

디지털 몽키	아두이노 + 센서 쉴드

디지털 입출력

아날로그 입력 　　　　BT/I2C

BT/I2C

디지털 6, 7번 핀에 마이너스, 플러스, 시그널 구분하여 연결

FND는 Flexible Numeric Display(가변 숫자 표시기)의 약자로, 7-segment라고도 한다. 주로 숫자를 표시하기 위해서 만들어진 LED의 조합으로, 이를 응용하여 생산 현장에서 생산 실적 등의 수치 데이터를 알아보기 쉽게 전달하여 각종 생산라인에 현황판으로 많이 사용된다. LED의 각 핀에 해당하는 a~g의 기호가 붙어 있으며, 이들 각각을 세그먼트라 부른다. 이들 a~g에 해당하는 핀에 High와 Low를 인가하여 LED를 점등함으로써 숫자를 표현할 수 있다. FND 모듈은 7개의 LED를 쉽게 제어할 수 있는 IC칩을 붙여 2개의 핀으로 원하는 숫자를 표시할 수 있도록 만들었다.

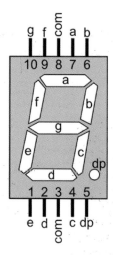

[그림 2-27-1] FND 구조

코딩

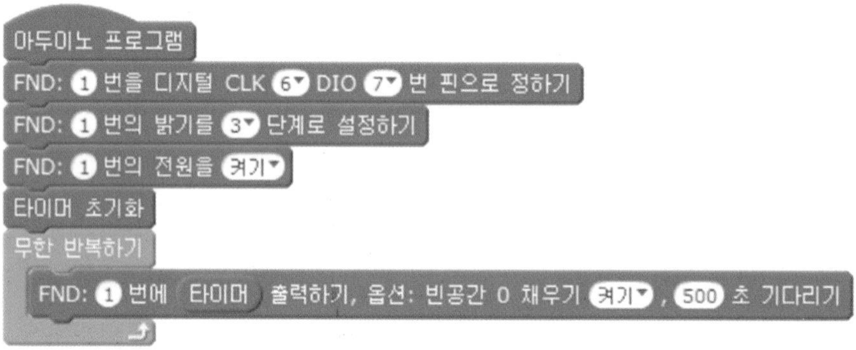

```
아두이노 프로그램
FND: 1 번을 디지털 CLK 6▼ DIO 7▼ 번 핀으로 정하기
FND: 1 번의 밝기를 3▼ 단계로 설정하기
FND: 1 번의 전원을 켜기▼
타이머 초기화
무한 반복하기
    FND: 1 번에 타이머 출력하기, 옵션: 빈공간 0 채우기 켜기▼ , 500 초 기다리기
```

[그림 2-27-2] FND 제어

결과

타이머는 초기화되고 이후에 1씩 증가하는데 FND에 타이머값을 표시하게
된다.

```
#include <Arduino.h>
#include <Wire.h>
#include <SoftwareSerial.h>

#include "TM1637Display.h"

double angle_rad = PI/180.0;
double angle_deg = 180.0/PI;
TM1637Display fnd_1(6,7);
double currentTime = 0;
double lastTime = 0;
double getLastTime(){
        return currentTime = millis()/1000.0 - lastTime;
}

void setup(){
  fnd_1.setBrightness(3);
  fnd_1.setBrightness(5, 1);
  lastTime = millis()/1000.0;
}

void loop(){
  fnd_1.showNumberDec(getLastTime(),1);
  delay((int)(500*1000));
  _loop();
}

void _delay(float seconds){
  long endTime = millis() + seconds * 1000;
  while(millis() < endTime)_loop();
}

void _loop(){
}
```

28. 도트 메트릭스 사용하기

기본 정보

입/출력	센서명	연결 포트	사용되는 값	핀수
출력	도트 메트릭스	디지털	디지털, 클럭	5핀

준비물

보드	입/출력 모듈	케이블
디지털 몽키 아두이노 우노 센서 쉴드	도트 메트릭스 모듈	3핀 케이블 USB 케이블

하드웨어 세팅

디지털 몽키	아두이노 + 센서 쉴드
디지털 입출력 아날로그 입력 　 BT/I2C	디지털 입출력 BT/I2C
디지털 9, 10, 11번 핀에 마이너스, 플러스, 시그널 구분하여 연결	디지털 10, 11, 12번 핀에 마이너스, 플러스, 시그널 구분하여 연결

[그림 2-28-1] 도트 매트릭스의 행과 열

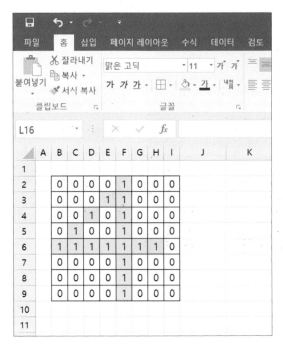

[그림 2-28-2] 도트 찍기

엑셀 파일에서 1행을 드래그해 붙여넣기 하면 일일이 입력하지 않아도 쉽게 0, 1을 입력할 수 있다.

[그림 2-28-3] 도트 매트릭스 제어

도트 매트릭스에 숫자 4가 표시된다.

```
#include <Arduino.h>
#include <Wire.h>
#include <SoftwareSerial.h>
#include "LedControl.h"
double angle_rad = PI/180.0;
double angle_deg = 180.0/PI;
LedControl lc = LedControl(9,11,10,1);
byte flipByte(byte data){ byte temp, b; for(int i=0;i<8;i++){ temp = data << i & 0x80; b
+= temp>>(7-i);}}

void setup(){
for(int i = 0; i < 1; i++) {lc.shutdown(i, false);lc.setIntensity(i, 8);lc.clearDisplay(i);}
  lc.clearDisplay(1-1);
  if(0 == 0) lc.setColumn(1-1,1-1,B00001000);
  else lc.setRow(1-1,1-1,B00001000);
  if(0 == 0) lc.setColumn(1-1,2-1,B00011000);
  else lc.setRow(1-1,2-1,B00011000);
  if(0 == 0) lc.setColumn(1-1,3-1,B00101000);
  else lc.setRow(1-1,3-1,B00101000);
  if(0 == 0) lc.setColumn(1-1,4-1,B01001000);
  else lc.setRow(1-1,4-1,B01001000);
  if(0 == 0) lc.setColumn(1-1,5-1,B11111110);
  else lc.setRow(1-1,5-1,B11111110);
  if(0 == 0) lc.setColumn(1-1,6-1,B00001000);
  else lc.setRow(1-1,6-1,B00001000);
  if(0 == 0) lc.setColumn(1-1,7-1,B00001000);
  else lc.setRow(1-1,7-1,B00001000);
  if(0 == 0) lc.setColumn(1-1,8-1,B00001000);
  else lc.setRow(1-1,8-1,B00001000);
}
```

```
void loop(){
  _loop();
}
void _delay(float seconds){
  long endTime = millis() + seconds * 1000;
  while(millis() < endTime)_loop();
}
void _loop(){
}
```

29. 시계(RTC) 센서 사용하기

기본 정보

입/출력	센서명	연결 포트	사용되는 값	핀수
입력	시계	I2C(A5,A4)	숫자	4핀

준비물

보드	입/출력 모듈	케이블
디지털 몽키 아두이노 우노 센서 쉴드	시계 모듈	4핀 케이블 USB 케이블

디지털 몽키	아두이노 + 센서 쉴드
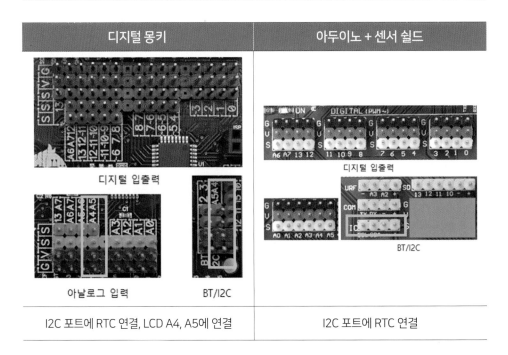	
I2C 포트에 RTC 연결, LCD A4, A5에 연결	I2C 포트에 RTC 연결

날짜와 시간값을 이용해 특정 시간이 되면 알람이 울린다든지 시간을 이용한 프로젝트나 작품을 만들 때 매우 유용하다.

코딩

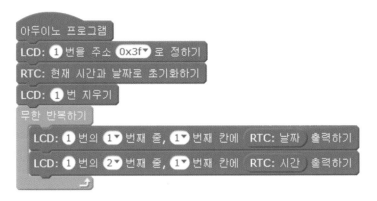

[그림 2-29-1] 시계 센서 제어

LCD의 첫 번째 줄엔 연도와 날짜가 표시되고, 두 번째 줄엔 현재 시간이 표시된다.

텍스트 코딩

```
#include <Arduino.h>
#include <Wire.h>
#include <SoftwareSerial.h>

#include "dmonkeyRTC.h"
#include "LiquidCrystal_I2C.h"

double angle_rad = PI/180.0;
double angle_deg = 180.0/PI;
LiquidCrystal_I2C lcd_1(0x3f,16,2);
dmonkeyRTC rtc;

void setup(){
    lcd_1.begin();
    lcd_1.backlight();
    rtc.setRTC();lcd_1.clear();
}

void loop(){
    lcd_1.setCursor(1-1,1-1);
    lcd_1.print(rtc.readDate());
    lcd_1.setCursor(1-1,2-1);
    lcd_1.print(rtc.readTime());
    _loop();
}

void _delay(float seconds){
    long endTime = millis() + seconds * 1000;
    while(millis() < endTime)_loop();
}

void _loop(){
}
```

30. 적외선 수신 센서 및 리모컨 사용하기

기본 정보

입/출력	센서명	연결 포트	사용되는 값	핀수
입력	적외선 수신	디지털	숫자	3핀

준비물

보드	입/출력 모듈	케이블
디지털 몽키 아두이노 우노 센서 쉴드, 리모컨	버튼 모듈	3핀 케이블 USB 케이블

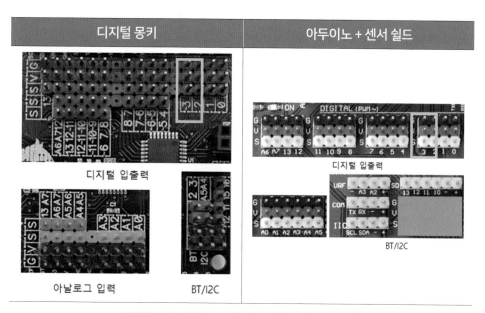

디지털 몽키	아두이노 + 센서 쉴드
디지털 입출력	디지털 입출력
아날로그 입력 BT/I2C	BT/I2C

디지털 3핀에 마이너스, 플러스, 시그널 구분하여 연결

코딩

아두이노 프로그램
LCD: ❶ 번을 주소 0x3f▼ 로 정하기
LCD: ❶ 번 지우기
IR 수신: ❶ 번을 디지털 10▼ 번 핀으로 정하기
무한 반복하기
  만약 IR 수신: ❶ 번에 값이 들어왔는가? 라면
    IR ▼ 를(를) IR 수신: ❶ 번 읽기 로 정하기
    만약 IR = 1 라면
      디지털 13 핀에 켜짐▼ 보내기
    아니면
      디지털 13 핀에 꺼짐▼ 보내기
    LCD: ❶ 번의 0▼ 번째 줄, 0▼ 번째 칸에 IR 출력하기
    IR 수신: ❶ 번 재시작하기
    0.1 초 기다리기

[그림 2-30-1]
적외선 리모컨 수신 LCD 표시하기

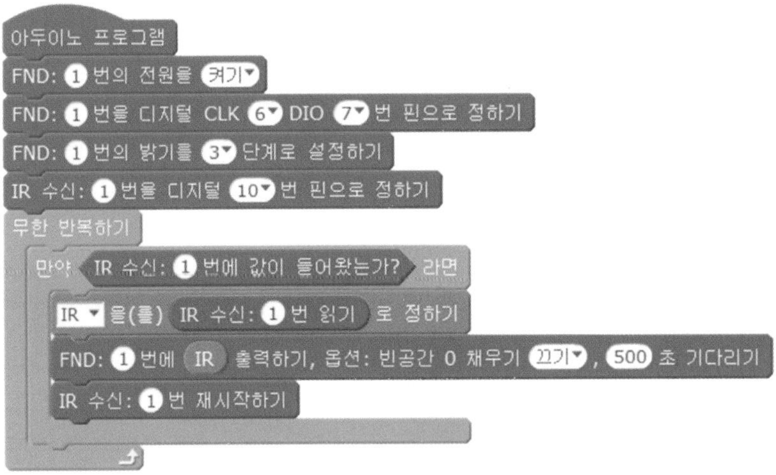

[그림 2-30-2] 적외선 리모컨 수신 및 FND 표시하기

재시작 명령은 리모컨 수신 대기를 다시 하라는 명령이다.

결과

리모컨의 1번 버튼을 누르면 보드의 내장 LED가 켜지고 누른 버튼의 값을
LCD와 FND에 표시해 준다.

텍스트 코딩(적외선 수신 LCD)

```
#include <Arduino.h>
#include <Wire.h>
#include <SoftwareSerial.h>
#include "IR.h"
#include "IRread.h"
#include "LiquidCrystal_I2C.h"

double angle_rad = PI/180.0;
double angle_deg = 180.0/PI;
double IR;
```

```
LiquidCrystal_I2C lcd_1(0x3f,16,2);
IRrecv irrecv_1(10);
decode_results results_1;

void setup(){
  lcd_1.begin();
  lcd_1.backlight();
  irrecv_1.enableIRIn();
  lcd_1.clear();
  pinMode(13,OUTPUT);
}

void loop(){
  if(irrecv_1.decode(&results_1)){
    IR = readIR(results_1.value);
    if(((IR)==(1))){
      digitalWrite(13,1);
    }else{
      digitalWrite(13,0);
    }
    lcd_1.setCursor(0-1,0-1);
    lcd_1.print(IR);
    irrecv_1.resume();
    _delay(0.1);
  }
  _loop();
}
void _delay(float seconds){
  long endTime = millis() + seconds * 1000;
  while(millis() < endTime)_loop();
}

void _loop(){
}
```

```
#include <Arduino.h>
#include <Wire.h>
#include <SoftwareSerial.h>

#include "IR.h"
#include "IRread.h"
#include "TM1637Display.h"

double angle_rad = PI/180.0;
double angle_deg = 180.0/PI;
double IR;
TM1637Display fnd_1(6,7);
IRrecv irrecv_1(10);
decode_results results_1;

void setup(){
  irrecv_1.enableIRIn();
  fnd_1.setBrightness(5, 1);
  fnd_1.setBrightness(3);
}

void loop(){
  if(irrecv_1.decode(&results_1)){
    IR = readIR(results_1.value);
    fnd_1.showNumberDec(IR,0);
    delay((int)(500*1000));
    irrecv_1.resume();
  }
  _loop();
}

void _delay(float seconds){
  long endTime = millis() + seconds * 1000;
  while(millis() < endTime)_loop();
}

void _loop(){
}
```

31. 블루투스 사용하기

기본 정보

입/출력	센서명	연결 포트	사용되는 값	핀수
입력/출력	블루투스	BT 디지털(2, 3)	숫자, 문자	4핀

준비물

보드	입/출력 모듈	케이블
디지털 몽키 아두이노 우노 센서 쉴드	버튼 모듈	3핀 케이블 USB 케이블

하드웨어 세팅

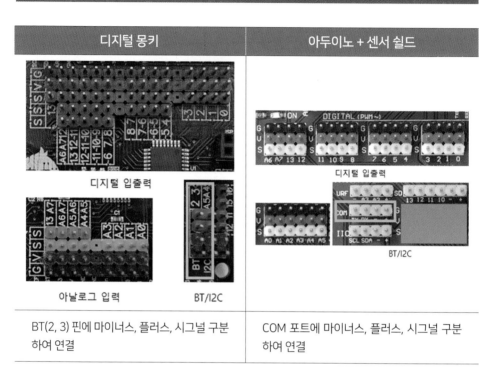

디지털 몽키	아두이노 + 센서 쉴드
디지털 입출력 / 아날로그 입력 / BT/I2C	디지털 입출력 / BT/I2C
BT(2, 3) 핀에 마이너스, 플러스, 시그널 구분하여 연결	COM 포트에 마이너스, 플러스, 시그널 구분하여 연결

블루투스는 마스터 모드로 사용할지 슬레이브 모드로 사용할지에 따라 설정을 달리해 줘야 한다. 블루투스 ID와 PW 설정과 마스터/슬레이브 설정은 따로 해줘야 한다. 먼저 ID, PW를 설정해 업로드하고, 전원을 한 번 차단하고 마스터/슬레이브 설정을 업로드해 준다. 마스터 모드는 블루투스의 상태 표시 LED 깜박임 속도가 느리고, 슬레이브 모드는 블루투스의 상태 표시 LED의 깜박임 속도가 빠르다.

[그림 2-31-1] BT_비번 설정

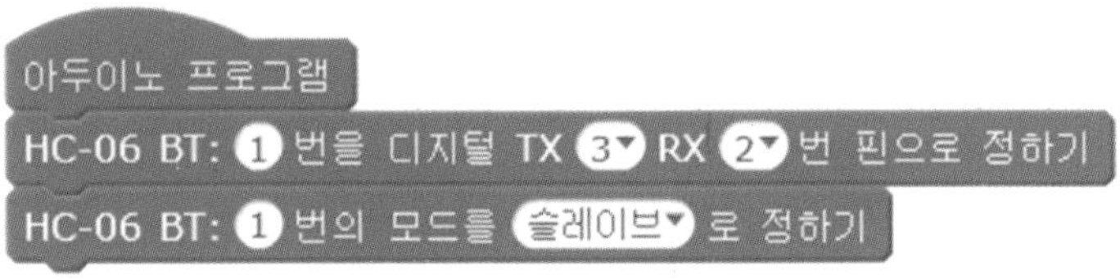

아두이노 프로그램
HC-06 BT: 1 번을 디지털 TX 3 RX 2 번 핀으로 정하기
HC-06 BT: 1 번의 모드를 슬레이브 로 정하기

[그림 2-31-2] BT_마스터/슬레이브 설정

ID, PW 설정과 마스터/슬레이브 설정이 끝나면 두 개의 블루투스 간 연결이나 블루투스와 휴대전화 간 연결을 해야 한다. 마스터 블루투스를 연결한 아두이노와 슬레이브로 블루투스를 연결한 아두이노를 이용해 마스터 아두이노로 슬레이브 아두이노를 제어할 수 있게 된다. 두 개의 블루투스가 연결되면 양쪽 모두 상태 표시 LED의 깜박임이 사라지고 계속 켜지게 된다.

슬레이브 블루투스 아두이노를 제어하기 위해서는 휴대전화 어플리케이션을 이용해 제어가 가능하다. HC-06은 IOS는 지원하지 않아 제어가 불가능하고 안드로이드 앱은 사용 가능하다. 구글 플레이스토어에서 블루투스 컨트롤러를 검색하면 매우 다양한 무료 앱이 검색된다. 그중 아무 앱이나 다운로드 받는다. 휴대전화의 설정에서 블루투스를 검색하여 HC-06을 등록한다. 컨트롤러 앱을 실행시키고 등록한 HC-06에 연결한다. 연결이 완료되면 블루투스의 깜박임이 멈추게 된다.

96% 오후 9:00
HC-06
SELECT
START

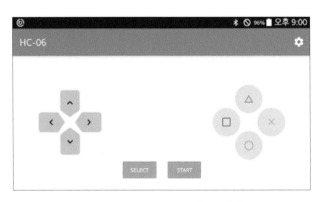

[그림 2-31-3] 블루투스 컨트롤러 앱

마스터로 설정한 아두이노를 다음과 같이 코딩하고 업로드한다. 4번 핀에 연결한 버튼을 누르면 BT로 데이터를 전송하게 된다.

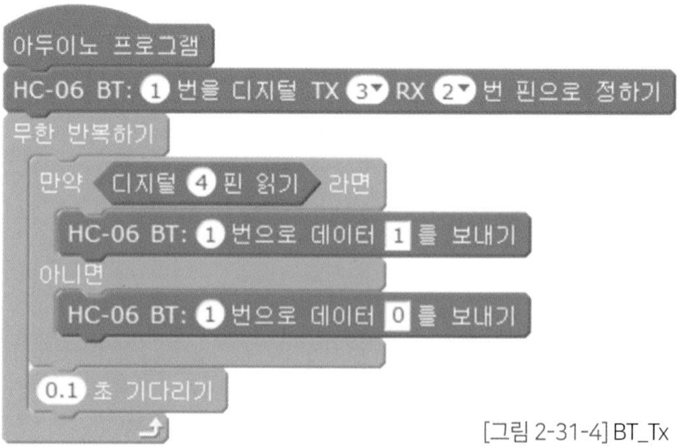

[그림 2-31-4] BT_Tx

BT로부터 수신받은 데이터가 만약 1이라면 4, 5번 핀을 켜게 된다.

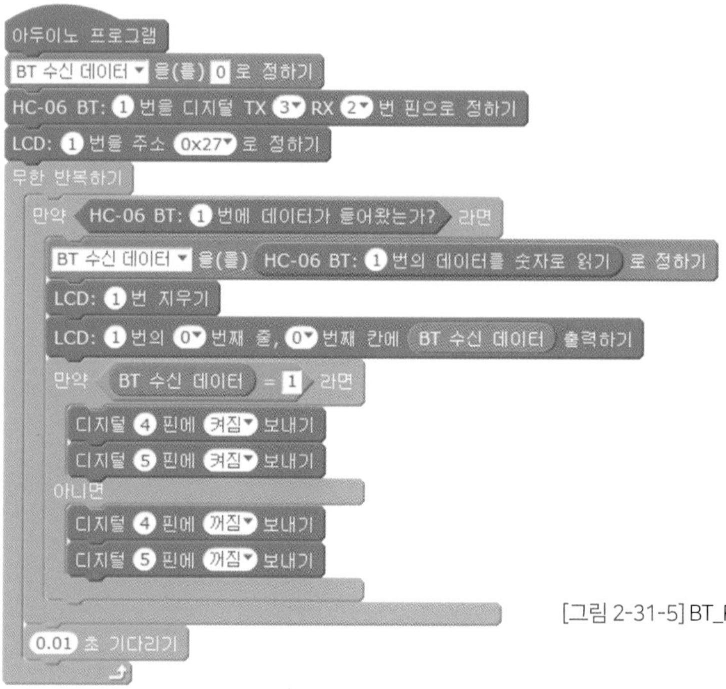

[그림 2-31-5] BT_Rx

휴대전화 블루투스 컨트롤러 앱을 이용해 상하좌우 버튼값을 숫자로 설정해 놓고 BT로 수신받은 값을 이용해 조건에 따라 출력 장치를 제어한다.

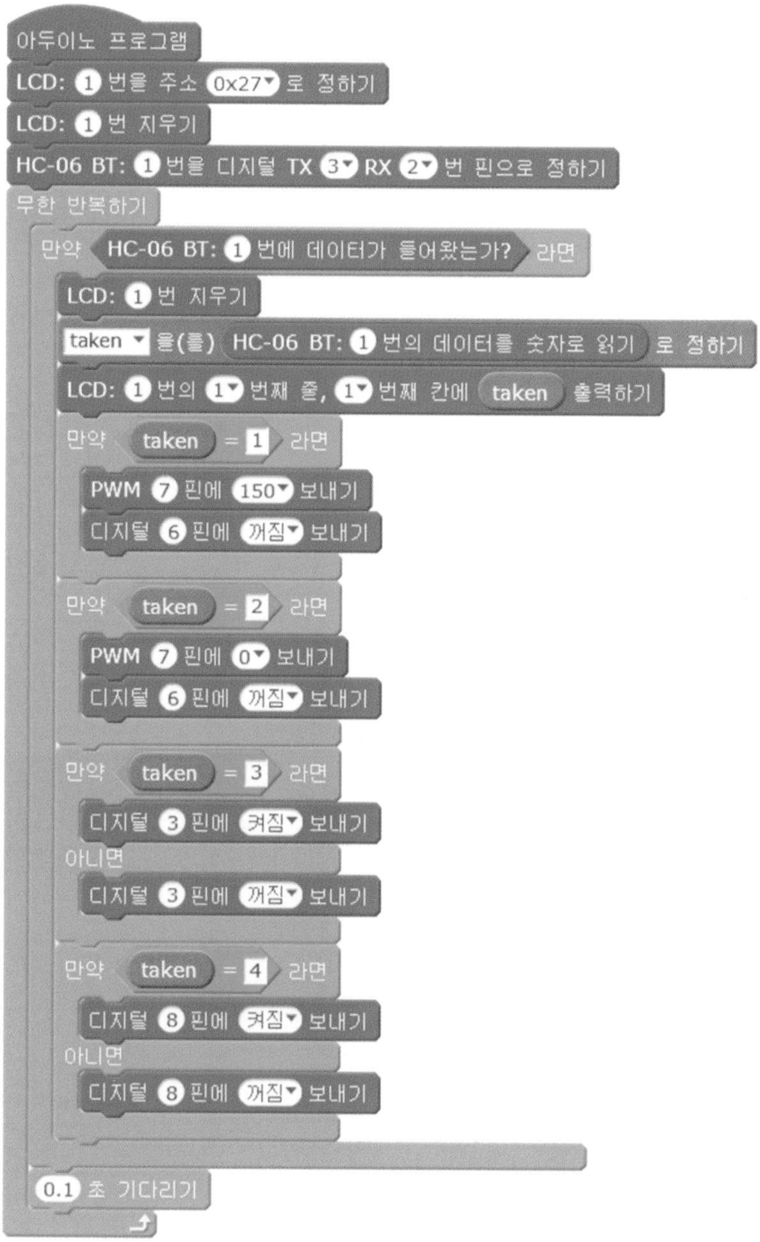

[그림 2-31-6] Phone_BT_3output

3개의 데이터를 문자열 변수로 묶어 블루투스로 전송하는 코드

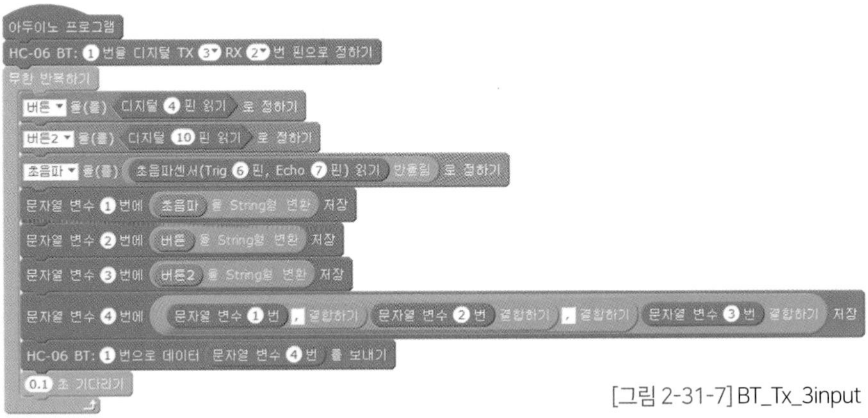

[그림 2-31-7] BT_Tx_3input

3개의 묶음 데이터를 나누고, 각 변수에 따라 출력 장치를 제어하는 코드

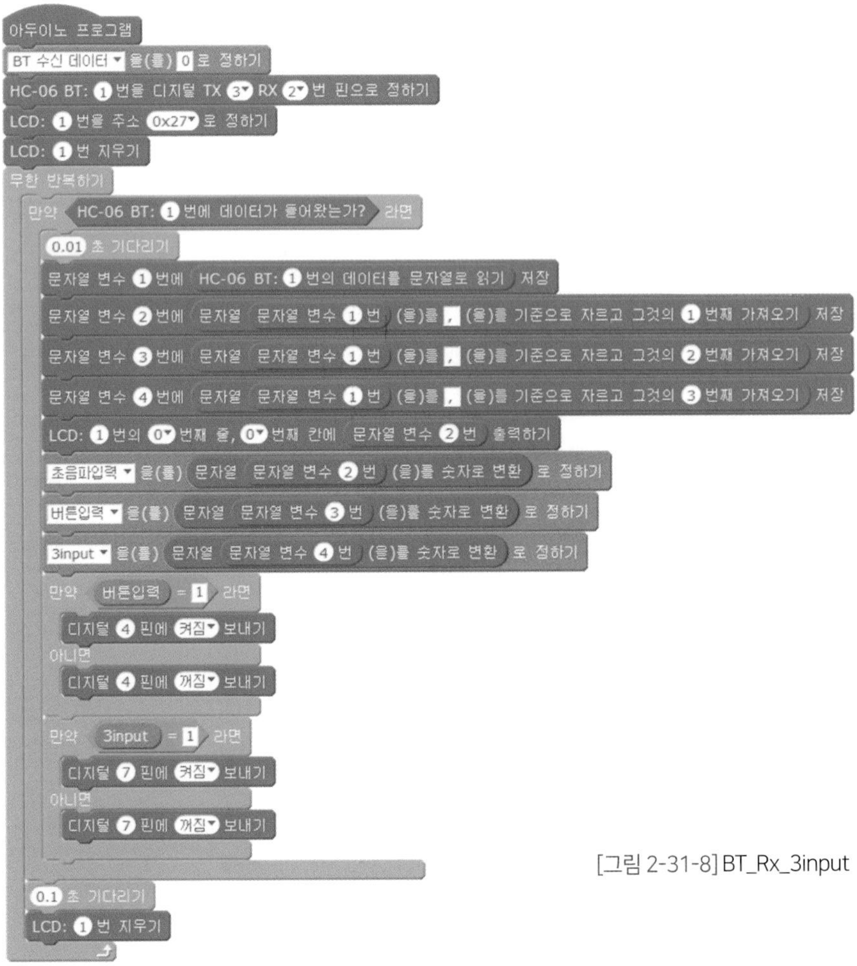

[그림 2-31-8] BT_Rx_3input

텍스트 코딩(블루투스 초기화/비번 설정)

```
#include <Arduino.h>
#include <Wire.h>
#include <SoftwareSerial.h>

double angle_rad = PI/180.0;
double angle_deg = 180.0/PI;
SoftwareSerial bt_1(2,3);
boolean isAvailable() { unsigned long start = millis(), current = millis(); while(current -
start < 1000) { if(bt_1.available()) return true; current = millis(); } return false; }
void initialize(String Name, String PSWD) { bt_1.print("AT+NAME"+Name);
if(!isAvailable()) while(1); bt_1.print("AT+PIN"+PSWD); if(!isAvailable()) while(1); }

void setup(){
  bt_1.begin(9600);
  initialize("HC-06",String(1234));
}

void loop(){
  _loop();
}

void _delay(float seconds){
  long endTime = millis() + seconds * 1000;
  while(millis() < endTime)_loop();
}

void _loop(){
}
```

```
#include <Arduino.h>
#include <Wire.h>
#include <SoftwareSerial.h>

double angle_rad = PI/180.0;
double angle_deg = 180.0/PI;
SoftwareSerial bt_1(2,3);
void setMode(uint8_t mode){ switch(mode) { case 0: bt_1.print("AT+ROLE=S"); break;
case 1: bt_1.print("AT+ROLE=M"); break; }}

void setup(){
   bt_1.begin(9600);
   setMode(0);
}

void loop(){
   _loop();
}

void _delay(float seconds){
   long endTime = millis() + seconds * 1000;
   while(millis() < endTime)_loop();
}

void _loop(){
}
```

```
#include <Arduino.h>
#include <Wire.h>
#include <SoftwareSerial.h>

double angle_rad = PI/180.0;
double angle_deg = 180.0/PI;
SoftwareSerial bt_1(2,3);

void setup(){
  bt_1.begin(9600);
  pinMode(4,INPUT);
}

void loop(){
  if(digitalRead(4)){
    bt_1.print(1);
  }else{
    bt_1.print(0);
  }
  _delay(0.1);
  _loop();
}

void _delay(float seconds){
  long endTime = millis() + seconds * 1000;
  while(millis() < endTime)_loop();
}

void _loop(){
}
```

```
#include <Wire.h>
#include <SoftwareSerial.h>
#include "LiquidCrystal_I2C.h"

double angle_rad = PI/180.0;
double angle_deg = 180.0/PI;
double __var__66_84_32_49688_49888_32_45936_51060_53552;
SoftwareSerial bt_1(2,3);
LiquidCrystal_I2C lcd_1(0x27,16,2);
String readBTstring() {String read; for(int i = 0;i < 50; i++) {while(bt_1.available()){ read
+= (char)bt_1.read();}} return read;}
float readBTfloat(){String readData = readBTstring(); return readData.toFloat();}

void setup(){
  bt_1.begin(9600);
  lcd_1.begin();
  lcd_1.backlight();
  __var__66_84_32_49688_49888_32_45936_51060_53552 = 0;
  pinMode(4,OUTPUT);
  pinMode(5,OUTPUT);
}

void loop(){
  if(bt_1.available()){
    __var__66_84_32_49688_49888_32_45936_51060_53552 = readBTfloat();
    lcd_1.clear();
    lcd_1.setCursor(0-1,0-1);
    lcd_1.print(__var__66_84_32_49688_49888_32_45936_51060_53552);
    if(((__var__66_84_32_49688_49888_32_45936_51060_53552)==(1))){
      digitalWrite(4,1);
      digitalWrite(5,1);
    }else{
      digitalWrite(4,0);
      digitalWrite(5,0);
    }
  }
```

```
      _delay(0.01);
      _loop();
}
void _delay(float seconds){
   long endTime = millis() + seconds * 1000;
   while(millis() < endTime)_loop();
}

void _loop(){
}
```

```
#include <Arduino.h>
#include <Wire.h>
#include <SoftwareSerial.h>

#include "LiquidCrystal_I2C.h"

double angle_rad = PI/180.0;
double angle_deg = 180.0/PI;
double taken;
LiquidCrystal_I2C lcd_1(0x27,16,2);
SoftwareSerial bt_1(3,2);
String readBTstring() {String read; for(int i = 0;i < 50; i++) {while(bt_1.available()){ read
+= (char)bt_1.read();}} return read;}
float readBTfloat(){String readData = readBTstring(); return readData.toFloat();}

void setup(){
  lcd_1.begin();
  lcd_1.backlight();
  bt_1.begin(9600);
  lcd_1.clear();
  pinMode(7,OUTPUT);
  pinMode(6,OUTPUT);
  pinMode(3,OUTPUT);
  pinMode(8,OUTPUT);
}

void loop(){
  if(bt_1.available()){
    lcd_1.clear();
    taken = readBTfloat();
    lcd_1.setCursor(1-1,1-1);
    lcd_1.print(taken);
    if(((taken)==(1))){
      analogWrite(7,150);
      digitalWrite(6,0);
    }
```

```
  if(((taken)==(2))){
        analogWrite(7,0);
        digitalWrite(6,0);
     }
     if(((taken)==(3))){
        digitalWrite(3,1);
     }else{
        digitalWrite(3,0);
     }
     if(((taken)==(4))){
        digitalWrite(8,1);
     }else{
        digitalWrite(8,0);
     }
   }
   _delay(0.1);
   _loop();
}

void _delay(float seconds){
   long endTime = millis() + seconds * 1000;
   while(millis() < endTime)_loop();
}

void _loop(){
}
```

```
#include <Arduino.h>
#include <Wire.h>
#include <SoftwareSerial.h>

double angle_rad = PI/180.0;
double angle_deg = 180.0/PI;
double __var__48260_53948;
double __var__48260_53948_50;
double __var__52488_51020_54028;
SoftwareSerial bt_1(3,2);
float getDistance(int trig,int echo){
    pinMode(trig,OUTPUT);
    digitalWrite(trig,LOW);
    delayMicroseconds(2);
    digitalWrite(trig,HIGH);
    delayMicroseconds(10);
    digitalWrite(trig,LOW);
    pinMode(echo, INPUT);
    return pulseIn(echo,HIGH,30000)/58.0;
}
String strVar_1;
String strVar_2;
String strVar_3;
String strVar_4;

void setup(){
    bt_1.begin(9600);
    pinMode(4,INPUT);
    pinMode(10,INPUT);
}

void loop(){
    __var__48260_53948 = digitalRead(4);
    __var__48260_53948_50 = digitalRead(10);
    __var__52488_51020_54028 = round(getDistance(6,7));
    strVar_1 = String(String(__var__52488_51020_54028));
    strVar_2 = String(String(__var__48260_53948));
```

```
strVar_3 = String(String(__var__48260_53948_50));
    strVar_4 = String(strVar_1+String(",")+strVar_2+String(",")+strVar_3);
    bt_1.print(strVar_4);
    _delay(0.1);
    _loop();
}

void _delay(float seconds){
    long endTime = millis() + seconds * 1000;
    while(millis() < endTime)_loop();
}

void _loop(){
}
```

```
#include <Arduino.h>
#include <Wire.h>
#include <SoftwareSerial.h>

#include "LiquidCrystal_I2C.h"

double angle_rad = PI/180.0;
double angle_deg = 180.0/PI;
double __var__66_84_32_49688_49888_32_45936_51060_53552;
double __var__52488_51020_54028_51077_47141;
double __var__48260_53948_51077_47141;
double __var__51_105_110_112_117_116;
SoftwareSerial bt_1(2,3);
LiquidCrystal_I2C lcd_1(0x27,16,2);
String readBTstring() {String read; for(int i = 0;i < 50; i++) {while(bt_1.available()){ read
+= (char)bt_1.read();}}} return read;}
String strVar_1;
#include "Strings.h"
String strVar_2;
String strVar_3;
String strVar_4;

void setup(){
  bt_1.begin(9600);
  lcd_1.begin();
  lcd_1.backlight();
  __var__66_84_32_49688_49888_32_45936_51060_53552 = 0;
  lcd_1.clear();
  pinMode(4,OUTPUT);
  pinMode(7,OUTPUT);
}

void loop(){
  if(bt_1.available()){
    _delay(0.01);
    strVar_1 = String(readBTstring());
    strVar_2 = String(strSplit(strVar_1,",",1));
```

```
        strVar_3 = String(strSplit(strVar_1,",",2));
        strVar_4 = String(strSplit(strVar_1,",",3));
        lcd_1.setCursor(0-1,0-1);
        lcd_1.print(strVar_2);
        __var__52488_51020_54028_51077_47141 = StrToFloat(strVar_2);
        __var__48260_53948_51077_47141 = StrToFloat(strVar_3);
        __var__51_105_110_112_117_116 = StrToFloat(strVar_4);
        if(((__var__48260_53948_51077_47141)==(1))){
            digitalWrite(4,1);
        }else{
            digitalWrite(4,0);
        }
        if(((__var__51_105_110_112_117_116)==(1))){
            digitalWrite(7,1);
        }else{
            digitalWrite(7,0);
        }
    }
    _delay(0.1);
    lcd_1.clear();
    _loop();
}

void _delay(float seconds){
    long endTime = millis() + seconds * 1000;
    while(millis() < endTime)_loop();
}

void _loop(){
}
```

32. 와이파이 사용하기

기본 정보

입/출력	센서명	연결 포트	사용되는 값	핀수
입력/출력	와이파이	BT 디지털(2, 3)	숫자, 문자	4핀

준비물

보드	입/출력 모듈	케이블
디지털 몽키 아두이노 우노 센서 쉴드	와이파이 모듈 조도센서 모듈	3핀 케이블 USB 케이블

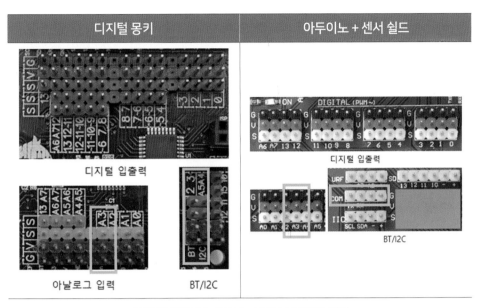

디지털 몽키	아두이노 + 센서 쉴드

BT핀에 마이너스, 플러스, 시그널 구분하여 연결

와이파이 SSID, PW를 설정할 때 통신 3사에 따라 숫자 형태의 비번과 문자/숫자 형태의 비번이 존재한다. 통신사의 비번에 따라 숫자/문자용 비번 블록을 사용하여 세팅해 준다.

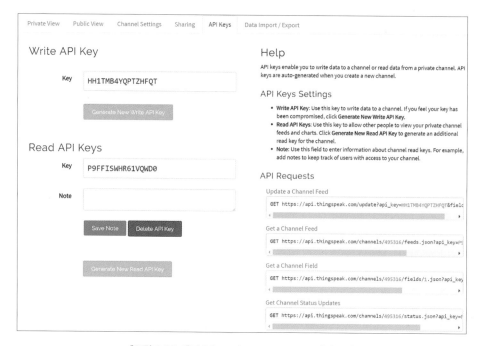

[그림 2-32-1] Thinkspeak.com Write API 가져오기

[그림 2-32-2] 와이파이 제어

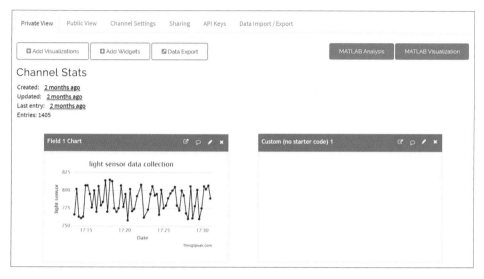

[그림 2-32-3] 빛 센서로부터 수집된 데이터

　시간에 따른 수집된 데이터를 차트로 표시해 주는데 엑셀 파일로 저장하고 싶다면 Data Export 버튼을 누른다.

텍스트 코딩

```
#include <Arduino.h>
#include <Wire.h>
#include <SoftwareSerial.h>

double angle_rad = PI/180.0;
double angle_deg = 180.0/PI;
double light;
SoftwareSerial esp_1(2,3);
String sendData(String command, const int timeout, boolean debug){ String response
= ""; esp_1.print(command); long int time=millis(); while((time+timeout)>millis())
{ while(esp_1.available()){ char c=esp_1.read(); response+=c; } } if(debug){ Serial.
print(response); } return response; }
String _SSID = "SSID";
String _PSWD = "PW";
```

```
String _PSWD = "1234";
String apiKey = "HH1TMB4YQPTZHFQT";
String getURL(float f1, float f2, float f3, float f4, float f5, float f6, float f7, float
f8) {String URL;URL = "GET /update?api_key=";URL += apiKey;if(f1!=20180331)
{URL +="&field1=";URL += String(f1);}if(f2!=20180331) {URL +="&field2=";URL +=
String(f2);}if(f3!=20180331) {URL +="&field3=";URL += String(f3);}if(f4!=20180331)
{URL +="&field4=";URL += String(f4);}if(f5!=20180331) {URL +="&field5=";URL +=
String(f5);}if(f6!=20180331) {URL +="&field6=";URL += String(f6);}if(f7!=20180331)
{URL +="&field7=";URL += String(f7);}if(f8!=20180331) {URL +="&field8=";URL +=
String(f8);}URL += "₩r₩n₩r₩n";return URL;}
String url;
void sendDataToChannel(){esp_1.println("AT+CIPSTART=₩"TCP₩",₩"184.106.153.14
9₩",80");if(esp_1.find("Error")){Serial.println("AT+CIPSTART error");return;}esp_1.prin
tln("AT+CIPSEND="+String(url.length()));if(esp_1.find(">")) esp_1.print(url); else esp_1.
println("AT+CIPCLOSE");}

void setup(){
  esp_1.begin(115200);
  esp_1.println("AT+UART_CUR=57600,8,1,0,0");
  esp_1.begin(57600);

  sendData("AT+CWMODE=1₩r₩n",1000,true);
  sendData("AT+CWJAP=₩""+_SSID+"₩",₩""+_PSWD+"₩"",5000,true);
  sendData("AT+CWMODE=1₩r₩n",1000,true);
  sendData("AT+CWJAP=₩""+_SSID+"₩",₩""+_PSWD+"₩"",5000,true);
  pinMode(A0+3,INPUT);
}

void loop(){
  light = analogRead(A0+3);
  url = getURL(light,20180331,20180331,20180331,20180331,20180331,20180331,
20180331);
  sendDataToChannel();
  _loop();
}

void _delay(float seconds){
  long endTime = millis() + seconds * 1000;
  while(millis() < endTime)_loop();
}

void _loop(){
}
```

33. 릴레이 사용하기

기본 정보

입/출력	센서명	연결 포트	사용되는 값	핀수
출력	릴레이	디지털	0,1	3핀

준비물

보드	입/출력 모듈	케이블
디지털 몽키 아두이노 우노 센서 쉴드	릴레이 모듈	3핀 케이블 USB 케이블

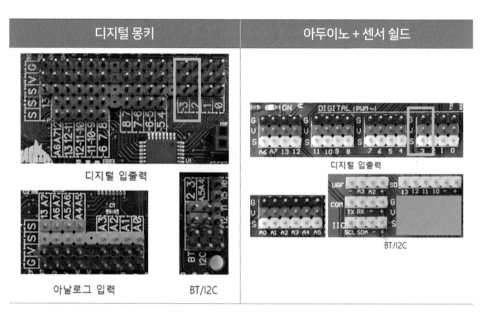

디지털 3핀에 마이너스, 플러스, 시그널 구분하여 연결

번호	핀명	I/O	기능
1	NC	Normal Close	(평상시) 연결되어 있는 선
2	CT	Common Terminal	공통 신호선
3	NO	Normal Open	(제어 신호시) 연결되는 선

릴레이 입력은 Gnd, Vcc, 디지털 3번 핀에 연결한다. 디지털 3번 핀 출력을 0, 1로 제어하면 릴레이 출력에 연결해 놓은 CT와 NO 핀을 ON/OFF 시킬 수 있다. 릴레이를 이용하면 교류 전원을 사용하는 가전제품을 켰다/껐다 할 수 있게 된다.

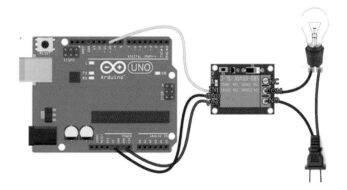

[그림 2-33-1] 릴레이 결선도

코딩

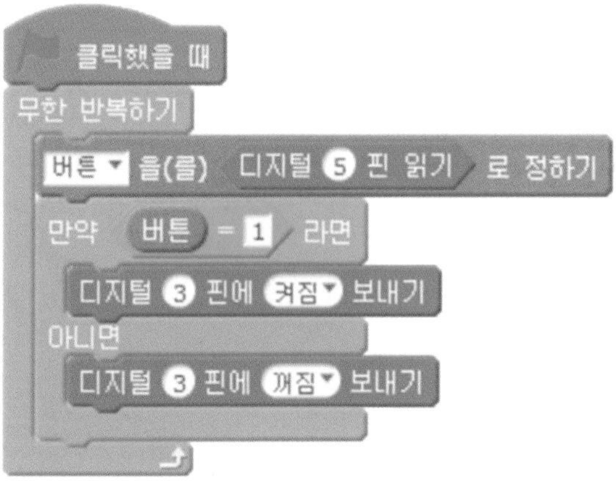

[그림 2-33-2] 릴레이 제어

결과

릴레이에 연결된 가전제품을 ON/OFF 시킬 수 있다.

34. 먼지 센서 사용하기

기본 정보

입/출력	센서명	연결 포트	사용되는 값	핀수
입력	먼지센서 (Grove)	디지털	숫자	4핀

준비물

보드	입/출력 모듈	케이블
디지털 몽키 아두이노 우노 센서 쉴드	버튼 모듈	3핀 케이블 USB 케이블

하드웨어 세팅

디지털 몽키	아두이노 + 센서 쉴드

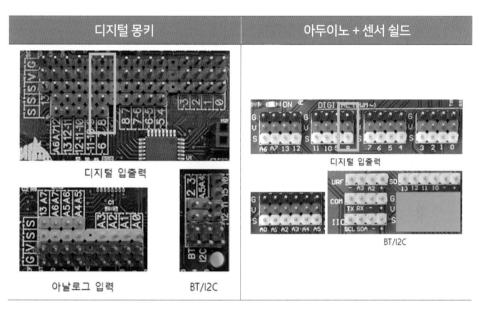

디지털 8번 핀에 마이너스, 플러스, 시그널 구분하여 연결

미세먼지 센서는 Grove사와 Sharp사에서 생산 판매하는 먼지 센서를 가장 많이 사용한다. 좀 더 정밀한 먼지 센서들도 있으나 가격이 매우 고가이다. 블록명령은 Grove사와 Sharp사 두 종류의 센서만 지원한다.

[그림 2-34-1] 두 가지 종류의 미세먼지 센서

코딩

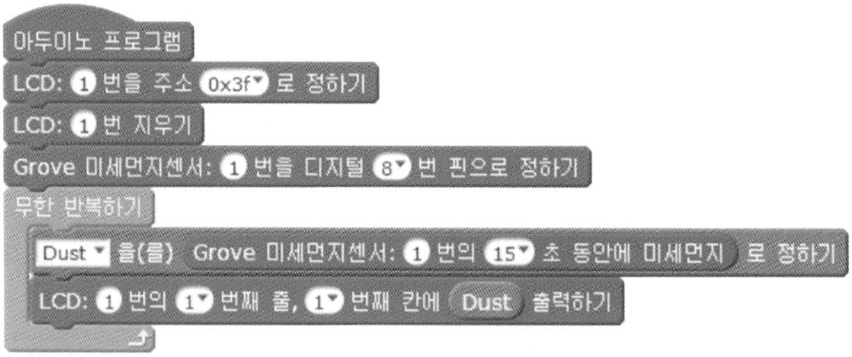

[그림 2-34-2] 먼지 센서값 표시하기

결과

LCD에 먼지 센서값을 표시해 준다.

```
#include <Arduino.h>
#include <Wire.h>
#include <SoftwareSerial.h>
#include "LiquidCrystal_I2C.h"
double angle_rad = PI/180.0;
double angle_deg = 180.0/PI;
double Dust;
LiquidCrystal_I2C lcd_1(0x3f,16,2);
uint8_t dustPin_1 = 8;
unsigned long duration_1;
unsigned long starttime_1;
unsigned long lowpulseoccupancy_1 = 0;
boolean firstDust_1 = true;
float readDust(unsigned long sampletime_ms) { if(firstDust_1) { starttime_1 =
millis(); firstDust_1 = false; } while(1) { duration_1 = pulseIn(dustPin_1, LOW);
lowpulseoccupancy_1 = lowpulseoccupancy_1+duration_1; if ((millis()-starttime_1)
>= sampletime_ms) { float ratio = lowpulseoccupancy_1/(sampletime_ms*10.0);
float concentration = 1.1*pow(ratio,3)-3.8*pow(ratio,2)+520*ratio+0.62; float
pcsPerCF = concentration * 100; float ugm3 = pcsPerCF / 13000; if (ugm3 > 0.01 ) {
lowpulseoccupancy_1 = 0; starttime_1 = millis(); return ugm3; } else return 0.0; } } }

void setup(){
  lcd_1.begin();
  lcd_1.backlight();
  lcd_1.clear();
}
void loop(){
  Dust = readDust((int)(15*1000));
  lcd_1.setCursor(1-1,1-1);
  lcd_1.print(Dust);
  _loop();
}
void _delay(float seconds){
  long endTime = millis() + seconds * 1000;
  while(millis() < endTime)_loop();
}
void _loop(){
}
```

35. 네오픽셀 사용하기

기본 정보

입/출력	센서명	연결 포트	사용되는 값	핀수
출력	네오픽셀	디지털	0, 1 or PWM	4핀

준비물

보드	입/출력 모듈	케이블
디지털 몽키 아두이노 우노 센서 쉴드	버튼 모듈	3핀 케이블 USB 케이블

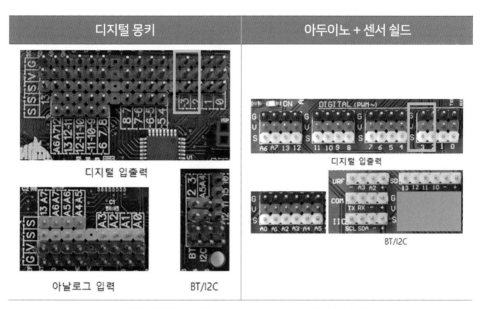

디지털 몽키	아두이노 + 센서 쉴드

디지털 8번 핀에 마이너스, 플러스, 시그널 구분하여 연결

미세먼지 센서는 Grove사와 Sharp사에서 생산 판매하는 먼지 센서를 가장 많이 사용한다. 좀 더 정밀한 먼지 센서들도 있으나 가격이 매우 고가이다. 블록명령은 Grove사와 Sharp사 두 종류의 센서만 지원한다.

코딩

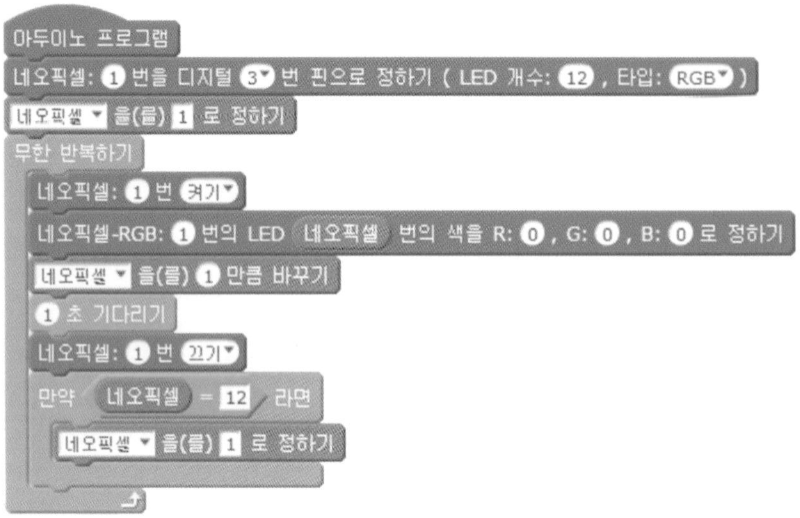

[그림 2-35-1] 네오픽셀 제어

결과

지정한 색을 1초 간격으로 켜면서 지나간다.

```
#include <Arduino.h>
#include <Wire.h>
#include <SoftwareSerial.h>
#include "Adafruit_NeoPixel.h"

double angle_rad = PI/180.0;
double angle_deg = 180.0/PI;
double __var__45348_50724_54589_49472;
#if 1
Adafruit_NeoPixel Neo_1 = Adafruit_NeoPixel(12,3, NEO_GRB + NEO_KHZ800);
#else
Adafruit_NeoPixel Neo_1 = Adafruit_NeoPixel(12, 3, NEO_GRBW + NEO_KHZ800);
#endif

void setup(){
  Neo_1.setBrightness(255);
  Neo_1.begin();
  Neo_1.show();
  __var__45348_50724_54589_49472 = 1;
}

void loop(){
switch(1){case 0: Neo_1.clear(); break; case 1: Neo_1.show(); break;}
  Neo_1.setPixelColor(__var__45348_50724_54589_49472-1,0,0,0);
  __var__45348_50724_54589_49472 += 1;
  _delay(1);
switch(1){case 0: Neo_1.clear(); break; case 1: Neo_1.show(); break;}
  if(((__var__45348_50724_54589_49472)==(12))){
    __var__45348_50724_54589_49472 = 1;
  }
  _loop();
}
void _delay(float seconds){
  long endTime = millis() + seconds * 1000;
  while(millis() < endTime)_loop();
}

void _loop(){
}
```

36. 토양 습도 센서 사용하기

기본 정보

입/출력	센서명	연결 포트	사용되는 값	핀수
입력	토양수분	아날로그	0~1023	3핀

준비물

보드	입/출력 모듈	케이블
디지털 몽키 아두이노 우노 센서 쉴드	토양 수분 센서 모듈	3핀 케이블 USB 케이블

하드웨어 세팅

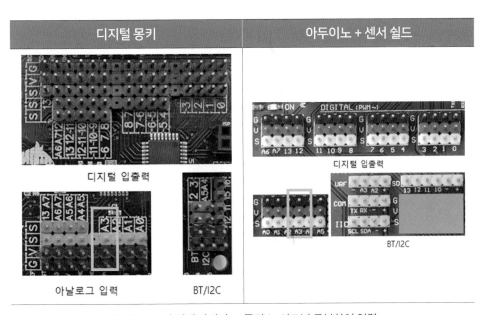

디지털 몽키	아두이노 + 센서 쉴드

디지털 입출력

아날로그 입력   BT/I2C

디지털 입출력

BT/I2C

아날로그 3번 핀에 마이너스, 플러스, 시그널 구분하여 연결

PART 2 | 센서 모듈 사용하기   187

코딩

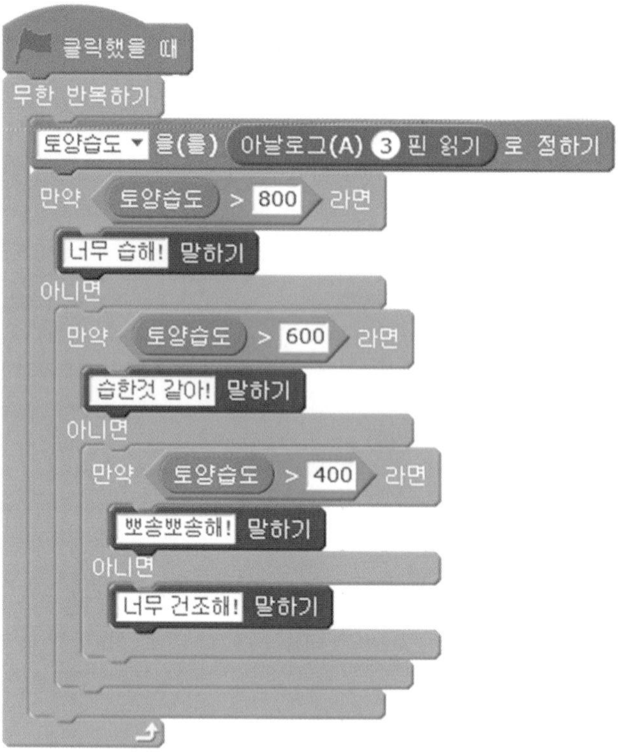

[그림 2-36-1] 네오픽셀 제어

습도값은 알맞게 조정해 입력한다.

결과

습도값을 이용해 상태에 알맞은 말을 한다.

PART 3
프로젝트

3부에서는 디지털 몽키 보드와 아두이노를 이용한 간단한 프로젝트를 안내합니다. 2부에서 배운 개별 센서 모듈과 출력 장치를 이용해 다양한 조합을 하면 무수한 프로젝트를 생산해 낼 수 있습니다.

PART 3 | 프로젝트

 1. 레이디버그 게임 만들기

개요

레이디버그 캐릭터를 조이스틱을 이용해 조종한다. 사용자는 레이디버그가 많은 과자를 먹도록 조종해야 한다. 과자는 3초를 기다리거나 레이디버그가 과자에 닿으면 랜덤으로 위치를 바꾸게 된다. 레이디버그가 과자를 먹으면 1점씩 점수를 누적한다. 한 게임당 과자의 위치 변화는 20회로 한정한다.

인터페이스 및 기능 설계

- 입력: 조이스틱
- 출력: LED, 부저, 레이디버그의 움직임, 과자의 위치 변화

하드웨어로 모니터상의 레이디버그 캐릭터 제어하기

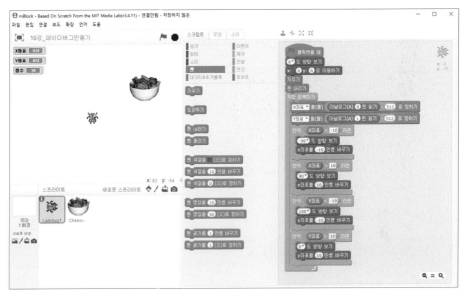

[그림 3-1-1] 레이디버그 인터페이스

기능

- 레이디버그가 지나간 자취를 남긴다.

- 레이디버그는 조이스틱으로 조종이 가능하다.

- 과자는 레이디버그가 과자에 닿거나 3초가 지나면 랜덤으로 위치를 바꾼다.

- 레이디버그가 과자를 먹으면 1점을 올리고, LED와 부저를 작동시킨다.

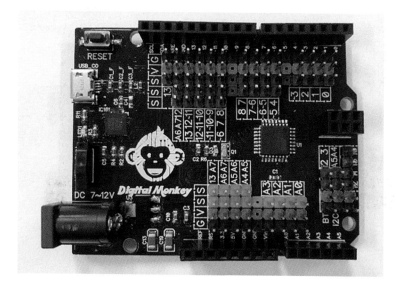

[그림 3-1-2] 디지털 몽키 실물

몽키 보드(아두이노+센서 쉴드), 조이스틱, LED, 부저, mBlock

하드웨어 세팅

디지털 몽키	아두이노 + 센서 쉴드
디지털 입출력 아날로그 입력　　BT/I2C	디지털 입출력 BT/I2C
조이스틱은 A6, A7번 핀에 연결하고, LED, 부저는 디지털 3, 5번 핀에 연결한다.	조이스틱은 A4, A5번 핀에 연결하고, LED, 부저는 디지털 3, 5번 핀에 연결한다.

코딩

[그림 3-1-3] 레이디버그

[그림 3-1-4] 레이디버그 코딩

레이디버그는 위쪽 방향(0도)을 보고 0,0 좌표값으로 이동한다. 화면을 지우고 펜을 내려 자취를 그릴 준비를 한다. X, Y좌표 값은 조이스틱 입력값에서 512를 빼줘 값을 0으로 초기화시킨다. 조건식을 이용해 X, Y좌표값이 변하면 방향과 레이디버그의 위치를 변화시켜 이동하게 만든다.

Ladybug1   Cheesy-...

[그림 3-1-5] 과자

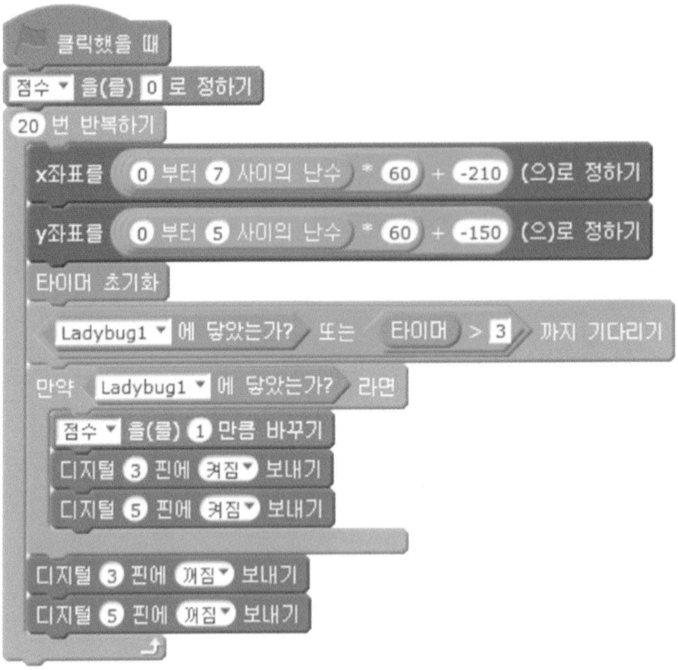

```
클릭했을 때
점수 ▼ 을(를) 0 로 정하기
20 번 반복하기
    x좌표를 ( 0 부터 7 사이의 난수 * 60 + -210 ) (으)로 정하기
    y좌표를 ( 0 부터 5 사이의 난수 * 60 + -150 ) (으)로 정하기
    타이머 초기화
    Ladybug1 ▼ 에 닿았는가? 또는 타이머 > 3 까지 기다리기
    만약 Ladybug1 ▼ 에 닿았는가? 라면
        점수 ▼ 을(를) 1 만큼 바꾸기
        디지털 3 핀에 켜짐 ▼ 보내기
        디지털 5 핀에 켜짐 ▼ 보내기
    디지털 3 핀에 꺼짐 ▼ 보내기
    디지털 5 핀에 꺼짐 ▼ 보내기
```

[그림 3-1-6] 과자 코딩

　　점수는 0으로 초기화시킨다. 20번을 반복해서 게임이 무한 반복하지 않도
록 한다. X좌표값은 -210～+210 사이에서 랜덤하게 변하고, Y좌표값은 -150～
+150 사이에서 랜덤하게 변하게 만든다. 타이머를 초기화하고 레이디버그에
닿거나 타이머가 3초가 될 때까지 현 위치에서 기다린다. 만약 레이디버그에
닿으면 점수를 1만큼 올리고 3, 5번 핀을 켜서 LED와 부저가 울리게 만든다.

- 레이디버그 게임을 즐긴다.
- 게임이 끝나면 'Game Over' 메시지가 나오도록 업그레이드시켜 본다.
- 한 게임당 횟수를 조정할 수 있는 기능을 추가한다.

2. 서보 모터 화살표 제어

개요

스크래치 무대의 화살표를 움직이면 실제 서보 모터가 똑같이 움직이도록 만든다.

인터페이스 및 기능 설계

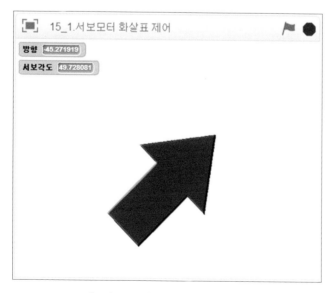

[그림 3-2-1] 화살표 제어 인터페이스

- 입력: 마우스 방향값

- 출력: 서보 모터

- 0~180도 사이를 조종할 수 있도록 한다.

- 0도 밑으로 또는 180도 위로 가면 화살표는 더 이상 움직이지 않는다.

- 화살표 방향이 마우스를 따라가도록 한다.

준비물

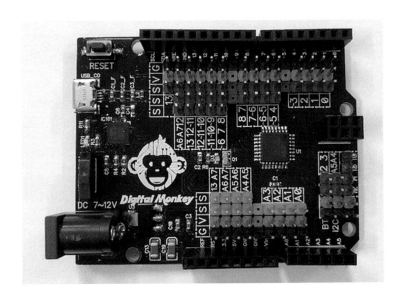

[그림 3-2-2] 디지털 몽키 실물

몽키 보드(아두이노+센서 쉴드), 서보 모터

하드웨어 세팅

디지털 몽키	아두이노 + 센서 쉴드

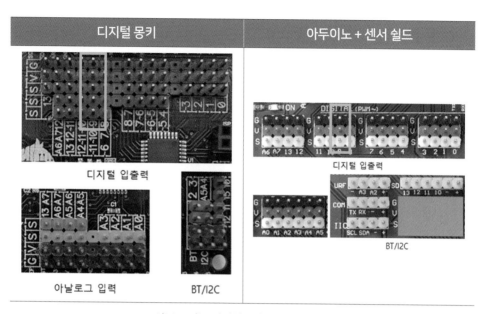

디지털 입출력

아날로그 입력   BT/I2C

디지털 입출력

BT/I2C

서보 모터는 디지털 9번 핀에 연결한다.

코딩

[그림 3-2-3] 화살표 제어 코딩

- 스크래치 무대의 방향과 서보 모터 방향을 일치시킨다.
- 화살표 방향이 아래 방향을 향하지 않도록 고정시킨다.
- 마우스 방향과 서보 각도를 일치시키고 서보 모터 출력값으로 설정한다.

결과

마우스를 움직이면 서보 모터가 같은 움직임을 나타낸다.

3. 자동문 만들기

개요

    일상에서 자주 사용하는 자동문의 원리를 살펴보고 직접 자동문을 제작해 본다. 출입자를 감지하여 문을 열기 위해서는 어떤 부품이 필요할지 생각해 보고 문을 여는 방식을 결정한다.

인터페이스 및 기능 설계

- 입력: 초음파 센서, 인체 감지 센서 등 문앞에 사람을 감지할 수 있는 센서 사용
- 출력: 서보 모터, LED
- 설정한 범위 사이에 물체가 감지되면 서보 모터를 움직인다.
- 문이 열리면 LED를 켜주고 문이 닫히면 LED를 끈다.
- 문이 열리면 일정 시간이 지나고 문이 닫히게 만든다.

준비물

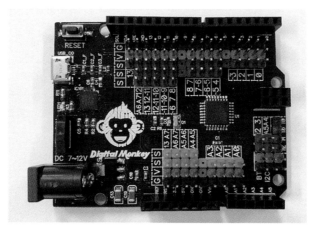

[그림 3-3-1] 디지털 몽키 실물

[그림 3-3-2] 우드락   [그림 3-3-3] 칼

[그림 3-3-4] 글루건   [그림 3-3-5] 나무 막대

몽키 보드(아두이노+센서 쉴드), 초음파센서, LED, 서보 모터, mBlock, 우드
락, 칼, 나무 막대, 글루건

피지컬 컴퓨팅&코딩 교육을 위한 **아두이노보다 더 쉬운 아두이노**

디지털 몽키	아두이노 + 센서 쉴드
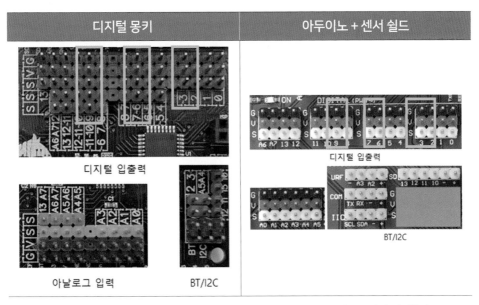 디지털 입출력 아날로그 입력 BT/I2C	디지털 입출력 BT/I2C

초음파 센서는 디지털 6, 7번 핀에 연결하고, LED는 3번, 서보 모터는 9번에 연결한다.

코딩

```
클릭했을 때
무한 반복하기
  초음파 ▼ 을(를)  초음파센서(Trig 7 핀, Echo 6 핀) 읽기  로 정하기
  만약  초음파 > 1  그리고  초음파 < 5  라면
    서보 9 핀을 90▼ 각도로 설정
    디지털 3 핀에 켜짐▼ 보내기
    5 초 기다리기
  아니면
    서보 9 핀을 180▼ 각도로 설정
    디지털 3 핀에 꺼짐▼ 보내기
```

[그림 3-3-6] 자동문 제어

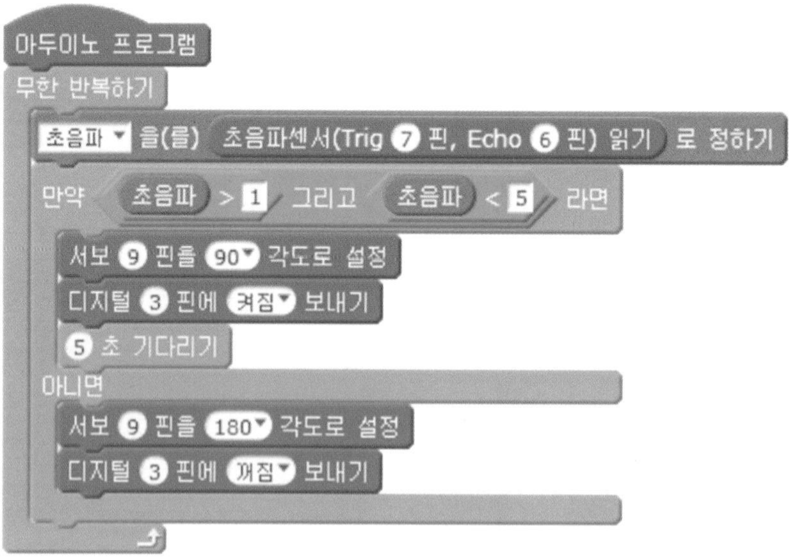

[그림 3-3-7] 자동문 제어 업로드

초음파 센서로 읽은 값을 초음파 변수에 저장한다. 초음파 변숫값이 1~5 사이라면 서보 모터를 90도로 변화시키고 LED를 킨다. 초음파 센서가 감지되지 않으면 서보 모터는 180도, LED는 꺼짐 상태를 유지한다. 자동문은 컴퓨터 연결 없이 실행되야 하므로 아두이노에 업로드시킨다.

결과

물체를 감지해 문이 열리고 5초간 대기했다 문을 다시 닫는다.

텍스트 코딩

```
#include <Arduino.h>
#include <Wire.h>
#include <SoftwareSerial.h>
#include <Servo.h>
```

```
double angle_rad = PI/180.0;
double angle_deg = 180.0/PI;
double __var__52488_51020_54028;
float getDistance(int trig,int echo){
    pinMode(trig,OUTPUT);
    digitalWrite(trig,LOW);
    delayMicroseconds(2);
    digitalWrite(trig,HIGH);
    delayMicroseconds(10);
    digitalWrite(trig,LOW);
    pinMode(echo, INPUT);
    return pulseIn(echo,HIGH,30000)/58.0;
}
Servo servo_9;

void setup(){
    servo_9.attach(9); // init pin
    pinMode(3,OUTPUT);
}

void loop(){
    __var__52488_51020_54028 = getDistance(7,6);
    if(((__var__52488_51020_54028) > (1)) && ((__var__52488_51020_54028) < (5))){
        servo_9.write(90); // write to servo
        digitalWrite(3,1);
        _delay(5);
    }else{
        servo_9.write(180); // write to servo
        digitalWrite(3,0);
    }
    _loop();
}
void _delay(float seconds){
    long endTime = millis() + seconds * 1000;
    while(millis() < endTime)_loop();
}

void _loop(){
}
```

4. 번호키 자물쇠 만들기

개요

우리가 흔히 사용하는 현관 번호키를 직접 구현한다. 버튼을 이용해 번호를 설정하고 비밀번호가 맞으면 문을 열어 주는 번호키 자물쇠를 만들어 본다.

인터페이스 및 기능 설계

- 입력: 버튼
- 출력: LCD, LED, 서보 모터
- 버튼을 눌러 번호를 설정한다. 번호는 0~9까지 설정 가능하다.
- LCD창에 자신이 입력한 번호를 표시한다.
- 버튼 2개로 2개의 숫자 조합 비밀번호를 설정한다.
- 비밀번호가 맞다면 LED에 불이 켜지고 서보 모터로 문을 열어 준다.

준비물

[그림 3-4-1] 디지털 몽키 실물

[그림 3-4-2] 우드락   [그림 3-4-3] 칼

[그림 3-4-4] 글루건   [그림 3-4-5] 나무 막대

몽키 보드(아두이노+센서 쉴드), 버튼 2개, LED, 서보 모터, LCD

하드웨어 세팅

디지털 몽키	아두이노 + 센서 쉴드
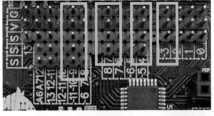디지털 입출력 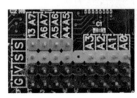아날로그 입력 BT/I2C	디지털 입출력 BT/I2C
버튼1은 3번, 버튼2는 4번, LED는 7번에 연결하고 LCD는 A4A5, 서보 모터는 9번 핀에 연결한다.	버튼1은 3번, 버튼2는 4번, LED는 7번에 연결하고 LCD는 I2C, 서보 모터는 9번 핀에 연결한다.

[그림 3-4-6] 번호키 자물쇠 제어

key1, key2는 비밀번호에 해당한다. 비밀번호 입력은 버튼을 이용해 입력받는다. 버튼은 누를 때마다 1씩 증가하고, 10 이상이 되면 다시 0으로 초기화된다. 미리 설정한 비밀번호와 맞으면 LED를 켜고 서보 모터를 작동시킨다.

결과

비밀번호가 맞으면 불이 켜지고 문이 열린다.

텍스트 코딩

```
#include <Arduino.h>
#include <Wire.h>
#include <SoftwareSerial.h>

#include <Servo.h>
#include "LiquidCrystal_I2C.h"

double angle_rad = PI/180.0;
double angle_deg = 180.0/PI;
double key1;
double key2;
LiquidCrystal_I2C lcd_1(0x3f,16,2);
Servo servo_9;

void setup(){
  lcd_1.begin();
  lcd_1.backlight();
  key1 = 0;
  key2 = 0;
  pinMode(3,INPUT);
  pinMode(4,INPUT);
  pinMode(7,OUTPUT);
  servo_9.attach(9); // init pin
}

void loop(){
  if(digitalRead(3)){
    key1 += 1;
    _delay(0.5);
    if((key1) > (9)){
      key1 = 0;
```

```
      }
      lcd_1.setCursor(1-1,1-1);
      lcd_1.print(key1);
    }
    if(digitalRead(4)){
      key2 += 1;
      _delay(0.5);
      if((key2) > (9)){
        key2 = 0;
      }
lcd_1.setCursor(1-1,2-1);
      lcd_1.print(key2);
    }
    if((((key1)==(4))) && (((key2)==(7)))){
      digitalWrite(7,1);
      servo_9.write(135); // write to servo
    }else{
      digitalWrite(7,0);
      servo_9.write(45); // write to servo
    }
    _loop();
}

void _delay(float seconds){
  long endTime = millis() + seconds * 1000;
  while(millis() < endTime)_loop();
}

void _loop(){
}
```

5. 2차원 위치 표시 장치 만들기

개요

초음파 센서를 이용해 측정한 거릿값을 응용한 프로젝트이다. 초음파 센서 2 개를 이용하면 평면상에서 물체의 위치를 알아낼 수 있다. 알아낸 위치를 디스 플레이에 표시해 준다.

인터페이스 및 기능 설계

- 입력: 초음파 센서
- 출력: 도트 매트릭스
- 초음파 센서 1은 X 좌푯값을 알아내는 데 사용한다. 초음파 센서 2는 Y 좌 푯값을 알아내는 데 사용한다.
- 좌표 평면에서 4개의 4분면 중 어디에 있는지 도트 매트릭스에 표시한다.

준비물

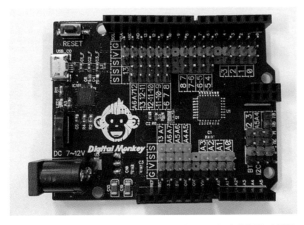 

[그림 3-5-1] 디지털 몽키 실물

[그림 3-5-2] 우드락   [그림 3-5-3] 칼   [그림 3-5-4] 글루건

몽키 보드(아두이노+센서 쉴드), 서보 모터

하드웨어 세팅

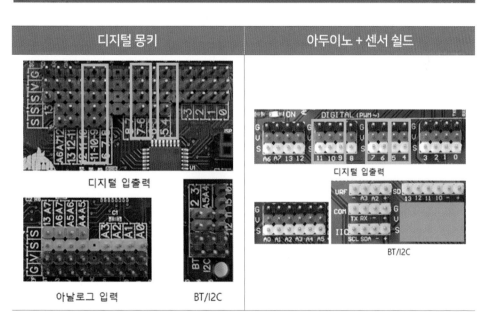

디지털 몽키	아두이노 + 센서 쉴드

초음파 센서는 (4, 5), (6, 7)에 연결하고, 도트 매트릭스는 9, 10, 11번 핀에 연결한다.

초음파 센서 2개를 90도 각도로 위치시켜 초음파를 발사하게 만든다. 기역 (ㄱ)자 모양의 반사판을 이용해 X, Y 좌푯값을 알아낸다.

코딩

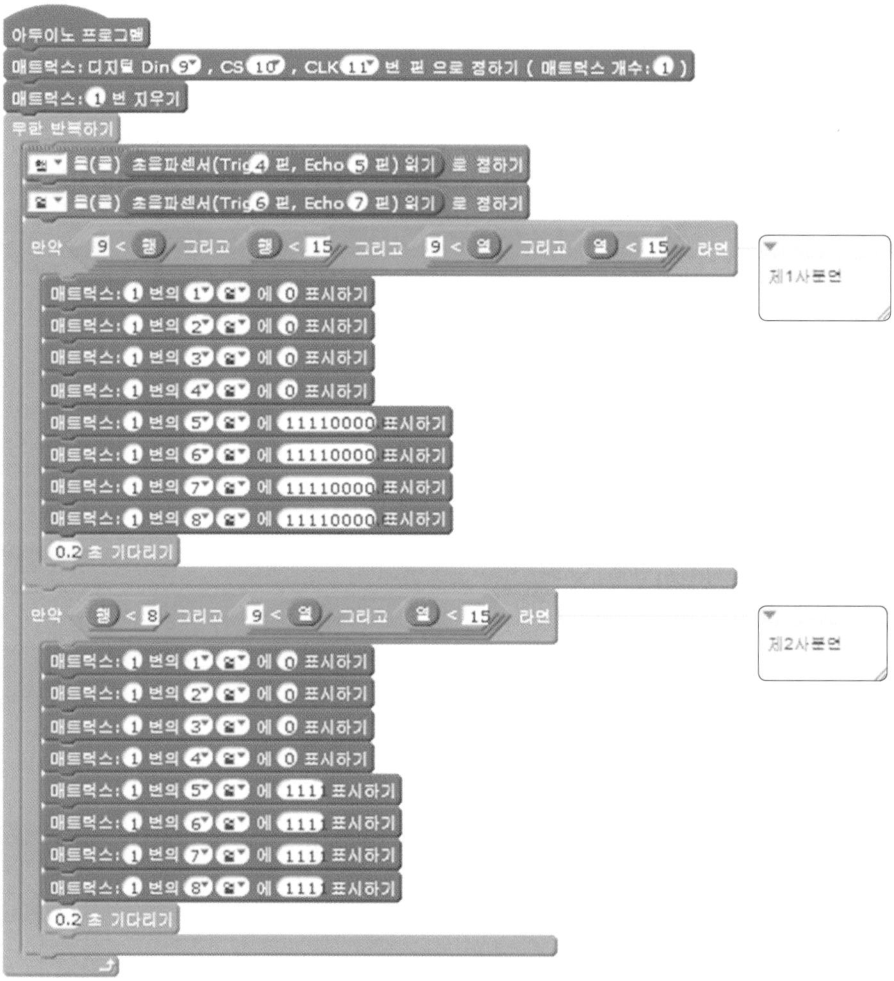

[그림 3-5-5] 2차원 위치 표시 장치 제어

초음파 센서값에 대응하는 사분면을 도트 매트릭스에 표시해 준다.

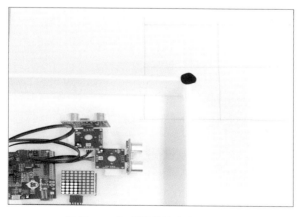

만약 행 < 8 그리고 열 < 8 라면   ▼
                                                                         제3사분면
    매트릭스: 1 번의 1 열 에 111 표시하기
    매트릭스: 1 번의 2 열 에 111 표시하기
    매트릭스: 1 번의 3 열 에 111 표시하기
    매트릭스: 1 번의 4 열 에 111 표시하기
    매트릭스: 1 번의 5 열 에 0 표시하기
    매트릭스: 1 번의 6 열 에 0 표시하기
    매트릭스: 1 번의 7 열 에 0 표시하기
    매트릭스: 1 번의 8 열 에 0 표시하기
    0.2 초 기다리기

만약 9 < 행 그리고 행 < 15 그리고 열 < 8 라면   ▼
                                                                         제4사분면
    매트릭스: 1 번의 1 열 에 11110000 표시하기
    매트릭스: 1 번의 2 열 에 11110000 표시하기
    매트릭스: 1 번의 3 열 에 11110000 표시하기
    매트릭스: 1 번의 4 열 에 11110000 표시하기
    매트릭스: 1 번의 5 열 에 0 표시하기
    매트릭스: 1 번의 6 열 에 0 표시하기
    매트릭스: 1 번의 7 열 에 0 표시하기
    매트릭스: 1 번의 8 열 에 0 표시하기
    0.2 초 기다리기

[그림 3-5-6] 2차원 위치 표시 장치 제어

결과

[그림 3-5-7] 2차원 위치 감지 표시 장치

```
#include <Arduino.h>
#include <Wire.h>
#include <SoftwareSerial.h>

#include "LedControl.h"

double angle_rad = PI/180.0;
double angle_deg = 180.0/PI;
double __var__54665;
double __var__50676;
LedControl lc = LedControl(9,11,10,1);
byte flipByte(byte data){ byte temp, b; for(int i=0;i<8;i++){ temp = data << i & 0x80; b
+= temp>>(7-i);}}
float getDistance(int trig,int echo){
    pinMode(trig,OUTPUT);
    digitalWrite(trig,LOW);
    delayMicroseconds(2);
    digitalWrite(trig,HIGH);
    delayMicroseconds(10);
    digitalWrite(trig,LOW);
    pinMode(echo, INPUT);
    return pulseIn(echo,HIGH,30000)/58.0;
}

void setup(){
for(int i = 0; i < 1; i++) {lc.shutdown(i, false);lc.setIntensity(i, 8);lc.clearDisplay(i);}
    lc.clearDisplay(1-1);
}

void loop(){
    __var__54665 = getDistance(4,5);
    __var__50676 = getDistance(6,7);
    if((((9) < (__var__54665)) && ((__var__54665) < (15))) && (((9) < (__var__50676)) &&
((__var__50676) < (15)))){
        if(1 == 0) lc.setColumn(1-1,1-1,B00000000);
        else lc.setRow(1-1,1-1,B00000000);
        if(1 == 0) lc.setColumn(1-1,2-1,B00000000);
        else lc.setRow(1-1,2-1,B0);
```

```
        if(1 == 0) lc.setColumn(1-1,3-1,B00000000);
        else lc.setRow(1-1,3-1,B00000000);
        if(1 == 0) lc.setColumn(1-1,4-1,B00000000);
        else lc.setRow(1-1,4-1,B00000000);
    if(1 == 0) lc.setColumn(1-1,5-1,B11110000);
        else lc.setRow(1-1,5-1,B11110000);
        if(1 == 0) lc.setColumn(1-1,6-1,B11110000);
        else lc.setRow(1-1,6-1,B11110000);
        if(1 == 0) lc.setColumn(1-1,7-1,B11110000);
        else lc.setRow(1-1,7-1,B11110000);
        if(1 == 0) lc.setColumn(1-1,8-1,B11110000);
        else lc.setRow(1-1,8-1,B11110000);
        _delay(0.2);
    }
    if(((__var__54665) < (8)) && (((9) < (__var__50676)) && ((__var__50676) < (15)))){
        if(1 == 0) lc.setColumn(1-1,1-1,B00000000);
        else lc.setRow(1-1,1-1,B0);
        if(1 == 0) lc.setColumn(1-1,2-1,B00000000);
        else lc.setRow(1-1,2-1,B0);
        if(1 == 0) lc.setColumn(1-1,3-1,B00000000);
        else lc.setRow(1-1,3-1,B0);
        if(1 == 0) lc.setColumn(1-1,4-1,B00000000);
        else lc.setRow(1-1,4-1,B00000000);
        if(1 == 0) lc.setColumn(1-1,5-1,B00001111);
        else lc.setRow(1-1,5-1,B1111);
        if(1 == 0) lc.setColumn(1-1,6-1,B00001111);
        else lc.setRow(1-1,6-1,B1111);
        if(1 == 0) lc.setColumn(1-1,7-1,B00001111);
        else lc.setRow(1-1,7-1,B1111);
        if(1 == 0) lc.setColumn(1-1,8-1,B00001111);
        else lc.setRow(1-1,8-1,B1111);
        _delay(0.2);
    }
    if(((__var__54665) < (8)) && ((__var__50676) < (8))){
        if(1 == 0) lc.setColumn(1-1,1-1,B11110000);
        else lc.setRow(1-1,1-1,B11110000);
        if(1 == 0) lc.setColumn(1-1,2-1,B11110000);
        else lc.setRow(1-1,2-1,B11110000);
        if(1 == 0) lc.setColumn(1-1,3-1,B11110000);
        else lc.setRow(1-1,3-1,B11110000);
```

```
      if(1 == 0) lc.setColumn(1-1,4-1,B11110000);
      else lc.setRow(1-1,4-1,B11110000);
      if(1 == 0) lc.setColumn(1-1,5-1,B00000000);
      else lc.setRow(1-1,5-1,B00000000);
      if(1 == 0) lc.setColumn(1-1,6-1,B00000000);
      else lc.setRow(1-1,6-1,B00000000);
      if(1 == 0) lc.setColumn(1-1,7-1,B00000000);
      else lc.setRow(1-1,7-1,B00000000);
      if(1 == 0) lc.setColumn(1-1,8-1,B0);
      else lc.setRow(1-1,8-1,B0);
      _delay(0.2);
   }
   if((((9) < (__var__54665)) && ((__var__54665) < (15))) && ((__var__50676) < (8))){
      if(1 == 0) lc.setColumn(1-1,1-1,B00001111);
      else lc.setRow(1-1,1-1,B00001111);
      if(1 == 0) lc.setColumn(1-1,2-1,B00001111);
      else lc.setRow(1-1,2-1,B00001111);
      if(1 == 0) lc.setColumn(1-1,3-1,B00001111);
      else lc.setRow(1-1,3-1,B00001111);
      if(1 == 0) lc.setColumn(1-1,4-1,B00001111);
      else lc.setRow(1-1,4-1,B00001111);
      if(1 == 0) lc.setColumn(1-1,5-1,B00000000);
      else lc.setRow(1-1,5-1,B00000000);
      if(1 == 0) lc.setColumn(1-1,6-1,B00000000);
      else lc.setRow(1-1,6-1,B00000000);
      if(1 == 0) lc.setColumn(1-1,7-1,B00000000);
      else lc.setRow(1-1,7-1,B00000000);
      if(1 == 0) lc.setColumn(1-1,8-1,B00000000);
      else lc.setRow(1-1,8-1,B0);
      _delay(0.2);
   }
   _loop();
}

void _delay(float seconds){
   long endTime = millis() + seconds * 1000;
   while(millis() < endTime)_loop();
}

void _loop(){
}
```

🔧 6. 테란 터렛 만들기

개요

전투 게임에 자주 나오는 방어 시스템 중의 하나인 미사일 터렛을 직접 만들어 볼 수 있다. 레이다에 적군이 감지되면 레이저를 발사하는 방어 시스템을 만들어 보자.

인터페이스 및 기능 설계

- 입력: 초음파 센서
- 출력: 서보 모터, 레이저
- 서보 모터에 초음파 센서를 올려놓는다.
- 서보 모터가 좌우 회전하면서 초음파 센서를 이용해 침입자를 감지한다.
- 침입자가 감지되면 레이저를 발사한다.

준비물

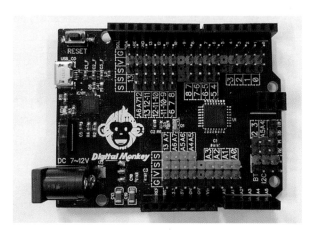

[그림 3-6-1] 디지털 몽키 실물

| [그림 3-6-2] 우드락 | [그림 3-6-3] 칼 | [그림 3-6-4] 글루건 |

몽키 보드(아두이노+센서 쉴드), 초음파 센서, 서보 모터, 레이저

하드웨어 세팅

디지털 몽키	아두이노 + 센서 쉴드

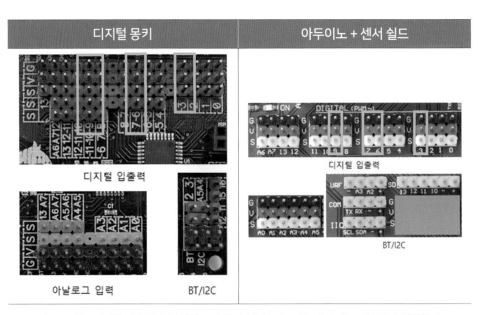

서보 모터는 디지털 9번 핀에 연결하고, 초음파 센서는 6, 7번, 레이저는 3번 핀에 연결한다.

서보 모터 위에 초음파 센서를 부착하고, 그 위에 레이저를 부착한다.

```
아두이노 프로그램
서보모터의 각도 ▼ 을(를) 0 로 정하기
무한 반복하기
    서보 2 핀을 서보모터의 각도 각도로 설정
    서보모터의 각도 ▼ 을(를) 1 만큼 바꾸기
    초음파 센서 ▼ 을(를) 초음파센서(Trig 7 핀, Echo 6 핀) 읽기 로 정하기
    만약 초음파 센서 > 2 그리고 초음파 센서 < 20 라면
        디지털 13 핀에 켜짐 ▼ 보내기
        0.01 초 기다리기
    아니면
        디지털 13 핀에 꺼짐 ▼ 보내기
    만약 서보모터의 각도 = 150 라면
        서보모터의 각도 = 0 까지 반복하기
            서보 2 핀을 서보모터의 각도 각도로 설정
            서보모터의 각도 ▼ 을(를) -1 만큼 바꾸기
            초음파 센서 ▼ 을(를) 초음파센서(Trig 7 핀, Echo 6 핀) 읽기 로 정하기
            만약 초음파 센서 > 2 그리고 초음파 센서 < 20 라면
                디지털 13 핀에 켜짐 ▼ 보내기
                0.01 초 기다리기
            아니면
                디지털 13 핀에 꺼짐 ▼ 보내기
```

[그림 3-6-5] 테란터렛 제어

서보 각도를 1씩 증가시키다 180도가 되면 다시 감소시킨다.

서보 각도가 증가, 감소되는 과정 중에 물체가 감지되면 레이저를 발사한다.

결과

서보 모터가 좌우로 회전하다 물체가 범위 내에 감지되면 레이저를 발사한다.

```
#include <Arduino.h>
#include <Wire.h>
#include <SoftwareSerial.h>

#include <Servo.h>

MeDCMotor motor_9(9);
MeDCMotor motor_10(10);
void move(int direction, int speed)
{
    int leftSpeed = 0;
    int rightSpeed = 0;
    if(direction == 1){
        leftSpeed = speed;
        rightSpeed = speed;
    }else if(direction == 2){
        leftSpeed = -speed;
        rightSpeed = -speed;
    }else if(direction == 3){
        leftSpeed = -speed;
        rightSpeed = speed;
    }else if(direction == 4){
        leftSpeed = speed;
        rightSpeed = -speed;
    }
    motor_9.run((9)==M1?-(leftSpeed):(leftSpeed));
    motor_10.run((10)==M1?-(rightSpeed):(rightSpeed));
}
double angle_rad = PI/180.0;
double angle_deg = 180.0/PI;
double servo_d;
double sonic;
float getDistance(int trig,int echo){
    pinMode(trig,OUTPUT);
    digitalWrite(trig,LOW);
    delayMicroseconds(2);
    digitalWrite(trig,HIGH);

    delayMicroseconds(10);
    digitalWrite(trig,LOW);
    pinMode(echo, INPUT);
```

```
    return pulseIn(echo,HIGH,30000)/58.0;
}
Servo servo_9;

void setup(){
    servo_d = 0;
    servo_9.attach(9); // init pin
    pinMode(3,OUTPUT);
}

void loop(){
    sonic = getDistance(7,6);
    servo_d += 1;
    servo_9.write(servo_d); // write to servo
    if(((sonic) > (2)) && ((sonic) < (20))){
        digitalWrite(3,1);
        _delay(0.01);
    }else{
        digitalWrite(3,0);
    }
    if(((servo_d)==(180))){
        while(!(((servo_d)==(10))))
        {
            _loop();
            sonic = getDistance(7,6);
            servo_d += -1;
            servo_9.write(servo_d); // write to servo
            if(((sonic) > (2)) && ((sonic) < (20))){
                digitalWrite(3,1);
                _delay(0.01);
            }else{
                digitalWrite(3,0);
            }
        }
    }
    _loop();
}
void _delay(float seconds){
    long endTime = millis() + seconds * 1000;
    while(millis() < endTime)_loop();
}

void _loop(){
}
```

7. 자동 현관등 만들기

개요

우리가 일상에서 매일 섭하는 자동 현관등을 만들어 본다. 물체가 감지되면 자동으로 불을 켜주는 가장 기본적인 스마트 장치이다.

인터페이스 및 기능 설계

- 입력: 초음파 센서
- 출력: LED
- 천장에 장치가 위치된다. 따라서 천장을 기준으로 어른의 키와 아이들의 키를 기준으로 초음파 센서가 작동할 범위를 설정한다.

준비물

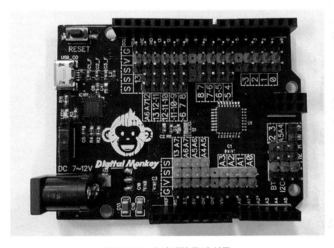

[그림 3-7-1] 디지털 몽키 실물

| [그림 3-7-2] 우드락 | [그림 3-7-3] 칼 | [그림 3-7-4] 글루건 |

몽키 보드(아두이노+센서 쉴드), 초음파 센서, LED

하드웨어 세팅

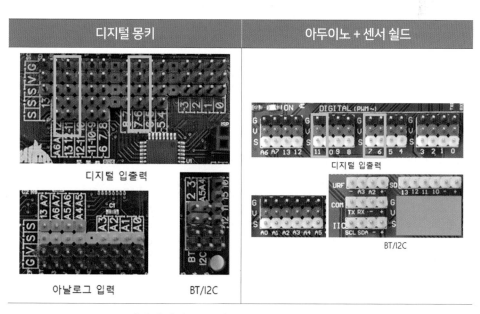

초음파 센서는 6, 7번, LED는 3번 핀에 연결한다.

코딩

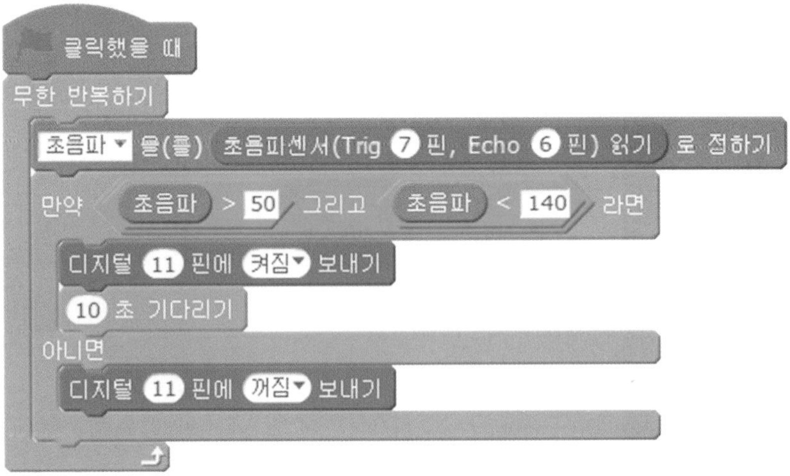

[그림 3-7-5] 자동 현관등 제어

결과

사람이 감지되면 10초간 LED를 켰다 끈다.

```
#include <Arduino.h>
#include <Wire.h>
#include <SoftwareSerial.h>
double angle_rad = PI/180.0;
double angle_deg = 180.0/PI;
double __var__52488_51020_54028;
float getDistance(int trig,int echo){
  pinMode(trig,OUTPUT);
  digitalWrite(trig,LOW);
  delayMicroseconds(2);
  digitalWrite(trig,HIGH);
  delayMicroseconds(10);
  digitalWrite(trig,LOW);
  pinMode(echo, INPUT);
  return pulseIn(echo,HIGH,30000)/58.0;
}

void setup(){
  pinMode(11,OUTPUT);
}
void loop(){
  __var__52488_51020_54028 = getDistance(7,6);
  if(((__var__52488_51020_54028) > (50)) && ((__var__52488_51020_54028) < (140)))
{
    digitalWrite(11,1);
    _delay(10);
  }else{
    digitalWrite(11,0);
  }
  _loop();
}

void _delay(float seconds){
  long endTime = millis() + seconds * 1000;
  while(millis() < endTime)_loop();
}

void _loop(){
}
```

8. 신호등 만들기

개요

우리가 일상에서 매일 접하는 건널목의 신호등을 직접 제작해 본다.

인터페이스 및 기능 설계

- 입력: 초음파 센서
- 출력: LED
- 보행자 신호와 자동자용 신호의 상간관계를 분석하여 순차적으로 자동차 신호와 보행자 신호를 점등해 준다.
- 보행자 진행 ON: 자동차 정지 ON, 자동차 서행 OFF, 보행자 정지 OFF

    5초 대기 후 보행자 진행 ON/OFF 10번 반복
- 자동차 진행 ON: 보행자 진행 OFF, 자동차 정지 OFF, 보행자 정지 ON
- 10초 대기후 자동차 서행 ON: 자동차 진행 OFF

    3초 대기 후 자동차 서행 OFF, 보행자 정지 ON

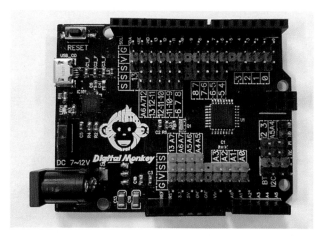

[그림 3-8-1] 디지털 몽키 실물

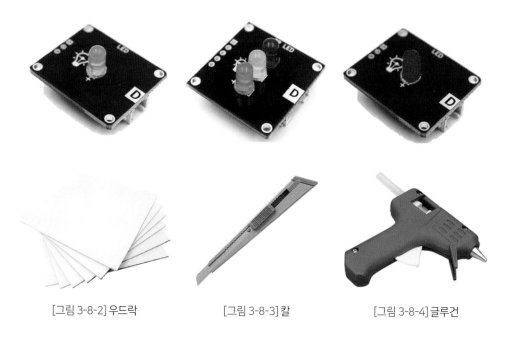

[그림 3-8-2] 우드락   [그림 3-8-3] 칼   [그림 3-8-4] 글루건

몽키 보드(아두이노+센서 쉴드), 신호등 LED, 초록 LED, 빨강 LED

하드웨어 세팅

디지털 몽키	아두이노 + 센서 쉴드

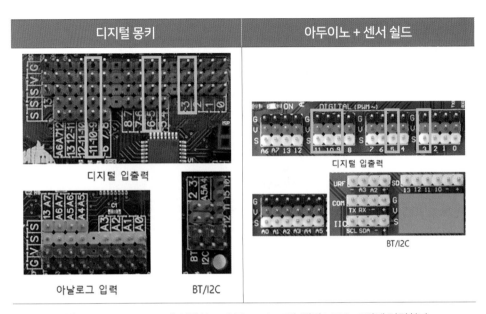

디지털 입출력

디지털 입출력

아날로그 입력   BT/I2C

BT/I2C

신호등 LED는 9, 10, 11에 연결하고, 초록 LED는 5번, 빨강 LED는 3번에 연결한다.

코딩

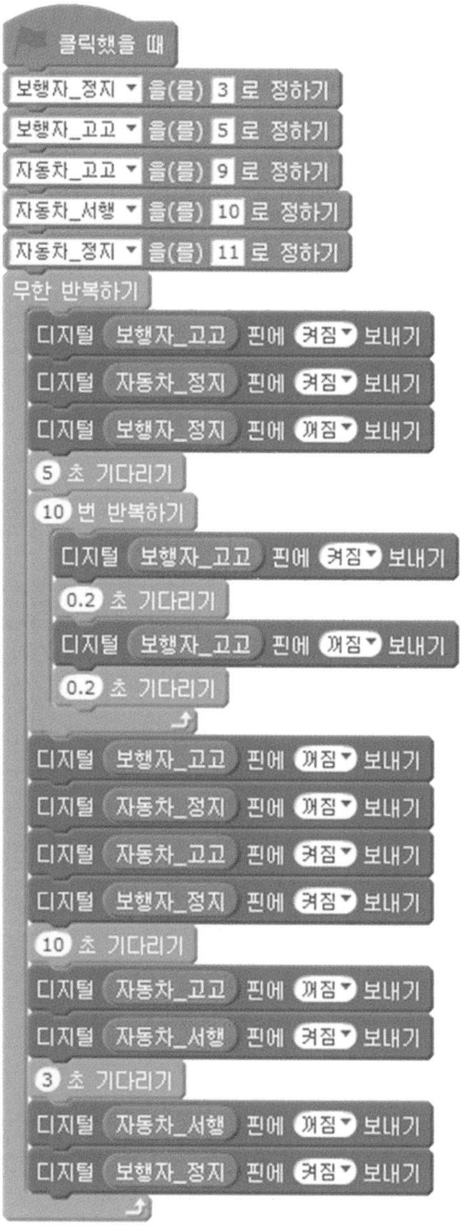

[그림 3-8-5] 신호등 제어

도로 폭에 따라 자동차 주행 시간과 보행자 신호 길이가 달라진다.

```
#include <Arduino.h>
#include <Wire.h>
#include <SoftwareSerial.h>

MeDCMotor motor_9(9);
MeDCMotor motor_10(10);
void move(int direction, int speed)
{
    int leftSpeed = 0;
    int rightSpeed = 0;
    if(direction == 1){
        leftSpeed = speed;
        rightSpeed = speed;
    }else if(direction == 2){
        leftSpeed = -speed;
        rightSpeed = -speed;
    }else if(direction == 3){
        leftSpeed = -speed;
        rightSpeed = speed;
    }else if(direction == 4){
        leftSpeed = speed;
        rightSpeed = -speed;
    }
    motor_9.run((9)==M1?-(leftSpeed):(leftSpeed));
    motor_10.run((10)==M1?-(rightSpeed):(rightSpeed));
}
double angle_rad = PI/180.0;
double angle_deg = 180.0/PI;
double __var__48372_54665_51088_95_51221_51648;
double __var__48372_54665_51088_95_44256_44256;
double __var__51088_46041_52264_95_44256_44256;
double __var__51088_46041_52264_95_49436_54665;
double __var__51088_46041_52264_95_51221_51648;

void setup(){
    __var__48372_54665_51088_95_51221_51648 = 3;
    __var__48372_54665_51088_95_44256_44256 = 5;
    __var__51088_46041_52264_95_44256_44256 = 9;
```

```
    __var__51088_46041_52264_95_49436_54665 = 10;
    __var__51088_46041_52264_95_51221_51648 = 11;
    pinMode(__var__48372_54665_51088_95_44256_44256,OUTPUT);
    pinMode(__var__51088_46041_52264_95_51221_51648,OUTPUT);
    pinMode(__var__48372_54665_51088_95_51221_51648,OUTPUT);
    pinMode(__var__51088_46041_52264_95_44256_44256,OUTPUT);
    pinMode(__var__51088_46041_52264_95_49436_54665,OUTPUT);
}

void loop(){
    digitalWrite(__var__48372_54665_51088_95_44256_44256,1);
    digitalWrite(__var__51088_46041_52264_95_51221_51648,1);
    digitalWrite(__var__48372_54665_51088_95_51221_51648,0);
    _delay(5);
    for(int __i__=0;__i__<10;++__i__)
    {
        digitalWrite(__var__48372_54665_51088_95_44256_44256,1);
        _delay(0.2);
        digitalWrite(__var__48372_54665_51088_95_44256_44256,0);
        _delay(0.2);
    }
    digitalWrite(__var__48372_54665_51088_95_44256_44256,0);
    digitalWrite(__var__51088_46041_52264_95_51221_51648,0);
    digitalWrite(__var__51088_46041_52264_95_44256_44256,1);
    digitalWrite(__var__48372_54665_51088_95_51221_51648,1);
    _delay(10);
    digitalWrite(__var__51088_46041_52264_95_44256_44256,0);
    digitalWrite(__var__51088_46041_52264_95_49436_54665,1);
    _delay(3);
    digitalWrite(__var__51088_46041_52264_95_49436_54665,0);
    digitalWrite(__var__48372_54665_51088_95_51221_51648,1);
    _loop();
}

void _delay(float seconds){
    long endTime = millis() + seconds * 1000;
    while(millis() < endTime)_loop();
}

void _loop(){
}
```

몽키보드 세트 구성

몽키보드 세트 : 몽키보드로 피지컬 컴퓨팅을 시작 할 수 있는 가장 기본이 되는 세트입니다.

교재의 PART 02 36가지 실습 항목에서 주로 많이 사용하는 센서들로 구성하였습니다.

몽키보드 세트에 구성되어 있지 않은 센서와 RC카 프레임은 별도로 구매가 가능합니다.

쇼핑몰: http://www.toolparts.co.kr, https://smartstore.naver.com/openhw

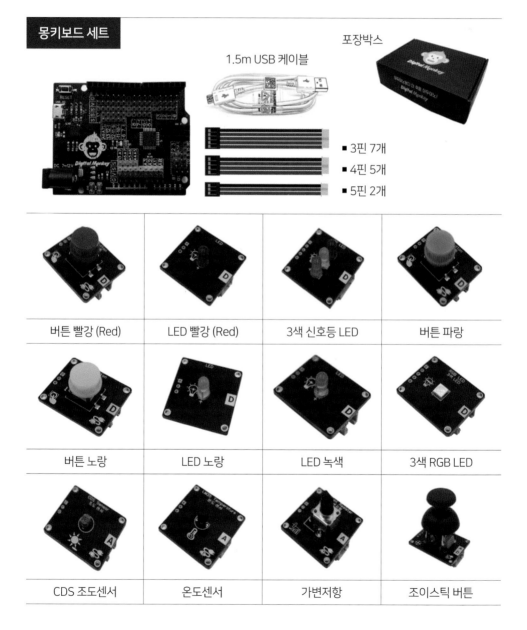

몽키보드 세트

1.5m USB 케이블

포장박스

- 3핀 7개
- 4핀 5개
- 5핀 2개

버튼 빨강 (Red)	LED 빨강 (Red)	3색 신호등 LED	버튼 파랑
버튼 노랑	LED 노랑	LED 녹색	3색 RGB LED
CDS 조도센서	온도센서	가변저항	조이스틱 버튼

초음파 센서	부저(Buzzer)	DC 모터	서보모터
화염감지	레이저 포인터	터치 센서	동작감지 센서
1602 LCD		7세그먼트	적외선 수신
적외선 리모컨	온도/습도 센서	사운드센서	화염센서
RTC 시계 모듈	블루투스 통신		

아두이노 보드 세트 구성

아두이노 보드 세트: 몽키보드를 이용하지 않고 일반적인 센서와 점프 와이어를 사용해 실습이 가능합니다.
Arduino UNO R3와 센서 쉴드를 사용합니다.

쇼핑몰: http://www.toolparts.co.kr, https://smartstore.naver.com/openhw

아두이노 보드 세트

1.5m USB 케이블

포장박스

- 3핀 점프 케이블 10개
- 점프 케이블 40P M-M
- 점프 케이블 40P M-F

버튼 빨강	버튼 노랑	LED 빨강	LED 노랑
RGB LED	신호등 LED	조도센서	서보모터
온도센서	온/습도 센서	가변저항	조이스틱

초음파 센서	적외선 거리	마이크	DC 모터 드라이버
DC 기어드 모터	기울기 센서	레이저	터치 센서
동작감지	화염감지	자기감지	라인감지
적외선 속도	적외선 거리	LCD IIC	자이로 센서
FND	도트 매트릭스	RTC	적외선 수신

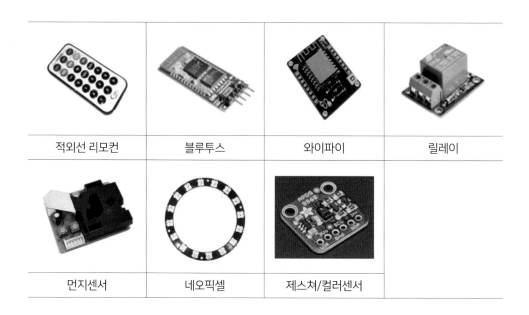

적외선 리모컨	블루투스	와이파이	릴레이
먼지센서	네오픽셀	제스쳐/컬러센서	

기술 서비스 및 구매 관련 문의처

홈페이지: (주)제이케이엠씨 (www.digitalmonkey.kr / master@deviceshop.net)
쇼핑몰: http://www.toolparts.co.kr, https://smartstore.naver.com/openhw

피지컬 컴퓨팅&코딩 교육을 위한

아두이노보다 더 쉬운 아두이노

| 2018년 | 11월 | 15일 | 1판 | 1쇄 | 인 쇄 |
| 2018년 | 11월 | 20일 | 1판 | 1쇄 | 발 행 |

지 은 이 : 김석전 · 김세호 · 정재훈 · 김황

펴 낸 이 : 박정태

펴 낸 곳 : **광 문 각**

10881
경기도 파주시 파주출판문화도시 광인사길 161
광문각 B/D 4층
등   록 : 1991. 5. 31 제12 - 484호
전 화(代) : 031-955-8787
팩   스 : 031-955-3730
E - mail : kwangmk7@hanmail.net
홈페이지 : www.kwangmoonkag.co.kr

ISBN : 978-89-7093-922-3   93560

값 : 18,000원

한국과학기술출판협회회원